Das Zahlenbuch 2

Förderheft

Von Erich Ch. Wittmann, Gerhard N. Müller,
Marcus Nührenbörger und Ralph Schwarzkopf

Bearbeitung der Ausgabe 2022:
Marcus Nührenbörger, Ralph Schwarzkopf,
Melanie Bischoff, Daniela Götze, Birgit Heß

Ernst Klett Verlag
Stuttgart · Leipzig · Dortmund

Inhalt

Zahlen in der Klasse

1 Schulweg in Minuten.

a) Zeichne in das Schaubild ein.

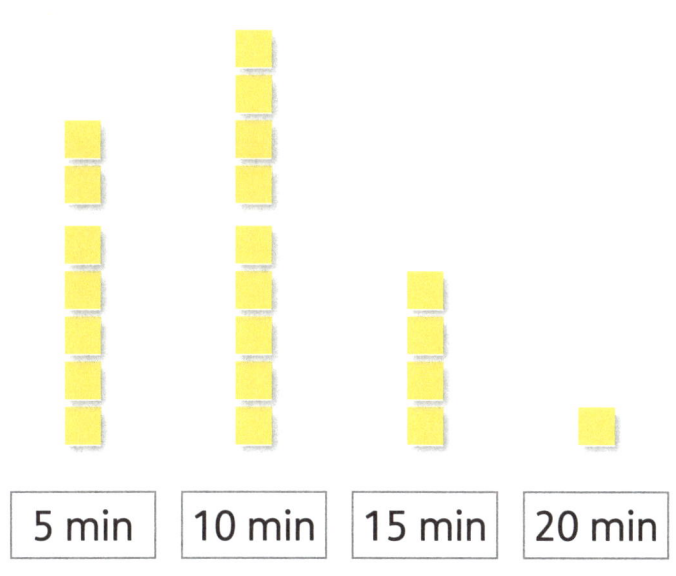

| 5 min | 10 min | 15 min | 20 min |

b) Wie viele Kinder haben einen Schulweg von ...

... 5 min? _____

... 10 min? _____

... mehr als 12 min? _____

... weniger als 12 min? _____

2 Haustiere in der Klasse.

a) Zeichne in das Schaubild ein.

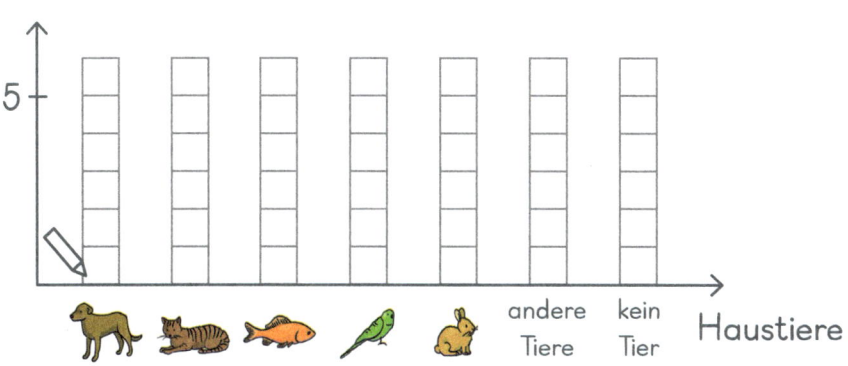

b) Was ist mehr?

Kreuze an.

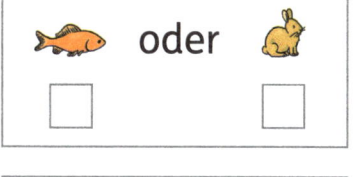

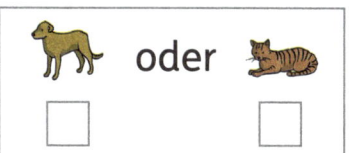

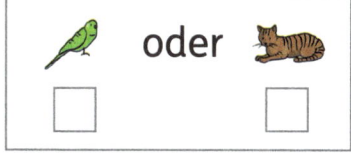

1, 2 Aus den Tabellen die Daten entnehmen und die Säulendiagramme vervollständigen, Fragen beantworten, eigene Umfragen durchführen.

→ Schulbuch, Seiten 4/5

3

Das Einspluseins

1 Aufgaben 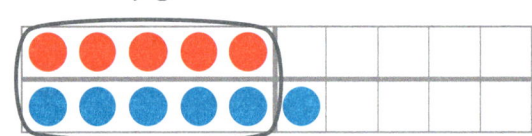. Lege und rechne mit Fünfern.

10

5 + 6 = _____
6 + 5 = _____

5 + 4 = _____   7 + 5 = _____   3 + 5 = _____   8 + 5 = _____
4 + 5 = _____   5 + 7 = _____   5 + 3 = _____   5 + 8 = _____

2 Aufgaben 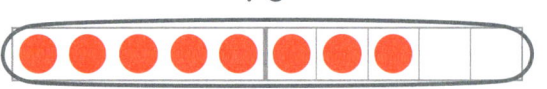. Lege und rechne. Denke an die Zehnerpartner.

10

8 + _____ = 10

5 + _____ = 10   9 + _____ = 10   0 + _____ = 10   2 + _____ = 10
7 + _____ = 10   1 + _____ = 10   6 + _____ = 10   3 + _____ = 10

3 Aufgaben 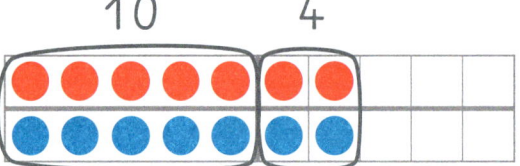. Lege die Zahlen untereinander. Rechne.

10   4

7 + 7 = _____

5 + 5 = _____   2 + 2 = _____   10 + 10 = _____   6 + 6 = _____
3 + 3 = _____   4 + 4 = _____   9 + 9 = _____   8 + 8 = _____

4 Aufgaben mit 10. Lege und rechne mit einem Zehner.

10 + 5 = _____   10 + 1 = _____   3 + 10 = _____   2 + 10 = _____
10 + 7 = _____   10 + 4 = _____   9 + 10 = _____   6 + 10 = _____

1–4 Merkmale der einfachen Aufgaben wiederholen und zum vorteilhaften Rechnen (z. B. Doppelfünfer) nutzen.
→ Schulbuch, Seiten 6/7

Das Einspluseins

1 Aufgaben und Nachbaraufgaben.

 = 10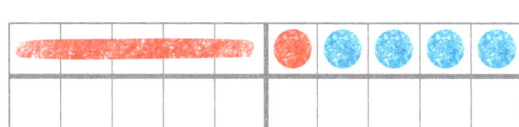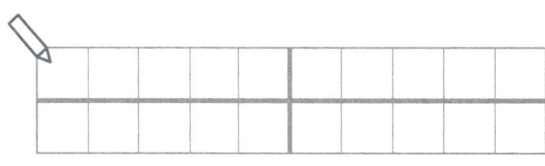

6 + 4 = ____   9 + 1 = ____

6 + 5 = ____   9 + 2 = ____

 = 10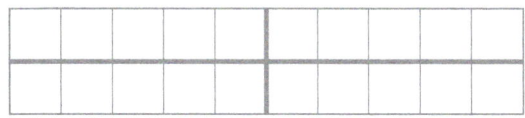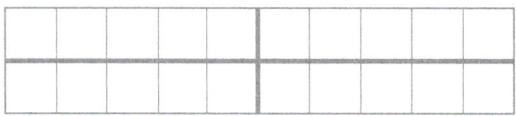

7 + 3 = ____   8 + 2 = ____

7 + 4 = ____   8 + 3 = ____

 doppelt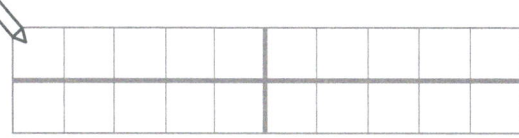

5 + 5 = ____   4 + 4 = ____

5 + 6 = ____   4 + 5 = ____

 doppelt

7 + 7 = ____   8 + 8 = ____

7 + 8 = ____   8 + 9 = ____

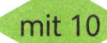 mit 10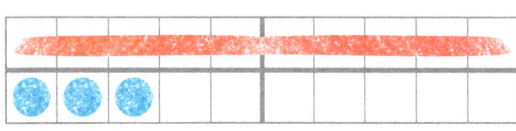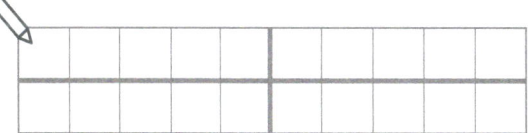

10 + 3 = ____   10 + 4 = ____

9 + 3 = ____   9 + 4 = ____

2 Rechne erst die einfache Aufgabe  mit 10  doppelt = 10 .

3 + 3 = ____   2 + 10 = ____   4 + 6 = ____   8 + 8 = ____

3 + 4 = ____   2 + 9 = ____   4 + 7 = ____   8 + 7 = ____

6 + 6 = ____   7 + 10 = ____   2 + 8 = ____   3 + 7 = ____

6 + 7 = ____   7 + 9 = ____   2 + 9 = ____   2 + 7 = ____

1, 2 Nachbaraufgaben mit den einfachen Plusaufgaben lösen, Veränderungen (+1/–1) zunehmend mental lösen.
→ Schulbuch, Seiten 6/7

5

Das Einsminuseins

1 Aufgaben ⬦ 10 ⬦. Nimm weg oder decke ab.

10 − 7 = ____

10 − 3 = ____

10 − 2 = ____	10 − 6 = ____	10 − 9 = ____	10 − 0 = ____
10 − 8 = ____	10 − 4 = ____	10 − 1 = ____	10 − 10 = ____

2 Aufgaben ⬦ 10 ⬦. Lege mit Zehnern. Nimm weg oder decke ab.

16 − 10 = ____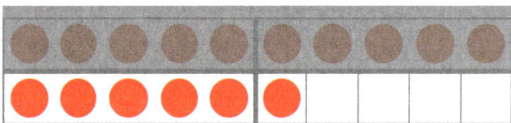

16 − 6 = ____

17 − 10 = ____	12 − 2 = ____	13 − 10 = ____	18 − 8 = ____
17 − 7 = ____	12 − 10 = ____	13 − 3 = ____	18 − 10 = ____

3 Aufgaben ⬦ 5 ⬦. Lege mit Fünfern. Nimm weg oder decke ab.

13 − 5 = ____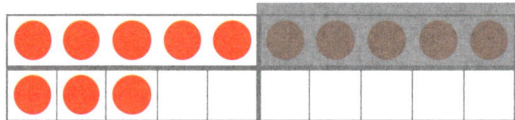

13 − 8 = ____

16 − 5 = ____	12 − 5 = ____	14 − 9 = ____	11 − 6 = ____
16 − 11 = ____	12 − 7 = ____	14 − 5 = ____	11 − 5 = ____

4 Rechne und vergleiche.

7 − 3 = ____	5 − 2 = ____	8 − 5 = ____	9 − 4 = ____
17 − 3 = ____	15 − 2 = ____	18 − 5 = ____	19 − 4 = ____

1–4 Einfache Aufgaben wiederholen und vertiefen. Aufgabenpaare vergleichen, Beziehungen erkennen und markieren.
→ Schulbuch, Seiten 8/9

Das Einsminuseins

1 Aufgaben und Nachbaraufgaben.

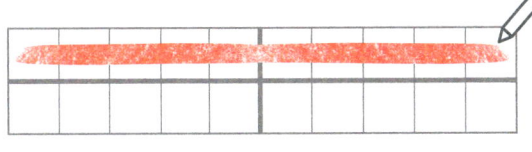

10

$10 - 3 =$ ___ $10 - 2 =$ ___

$11 - 3 =$ ___ $11 - 2 =$ ___

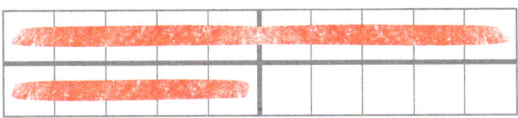

$10 - 6 =$ ___ $10 - 5 =$ ___

$11 - 6 =$ ___ $11 - 5 =$ ___

10

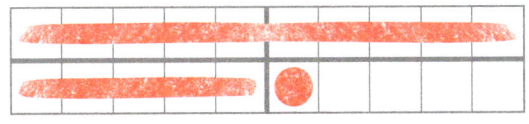

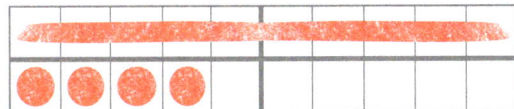

$15 - 5 =$ ___ $13 - 3 =$ ___

$15 - 6 =$ ___ $13 - 4 =$ ___

$16 - 10 =$ ___ $14 - 10 =$ ___

$16 - 9 =$ ___ $14 - 9 =$ ___

2 Rechne erst die einfache Aufgabe ◇10◇ ◇10◇.

$10 - 4 =$ ___ $10 - 7 =$ ___ $12 - 2 =$ ___ $17 - 7 =$ ___

$11 - 4 =$ ___ $11 - 7 =$ ___ $12 - 3 =$ ___ $17 - 8 =$ ___

$13 - 3 =$ ___ $15 - 5 =$ ___ $17 - 10 =$ ___ $15 - 10 =$ ___

$13 - 5 =$ ___ $15 - 7 =$ ___ $17 - 9 =$ ___ $15 - 9 =$ ___

---

1 Nachbaraufgaben mit den einfachen Minusaufgaben lösen, Veränderungen (+1/−1) zunehmend mental lösen.
2 Beziehungen zwischen den Aufgabenpaaren erkunden und einfache Aufgaben zum Lösen von schwierigen Aufgaben nutzen.

→ Schulbuch, Seiten 8/9

Addieren und Subtrahieren

1 Umkehraufgaben.

Immer zwei Aufgaben zu einem Bild.

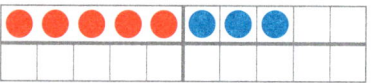

5 + 3 = ____

8 − 3 = ____

5 + 2 = ____

7 − 2 = ____

5 + 4 = ____

9 − 4 = ____

8 + ____ = ____

____ − ____ = ____

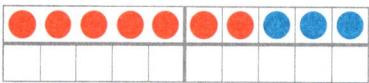

7 + ____ = ____

____ − ____ = ____

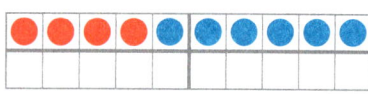

4 + ____ = ____

____ − ____ = ____

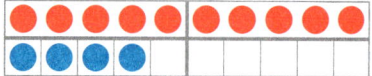

10 + ____ = ____

____ − ____ = ____

____ + ____ = ____

____ − ____ = ____

____ + ____ = ____

____ − ____ = ____

2 Ergänze und vergleiche.

a)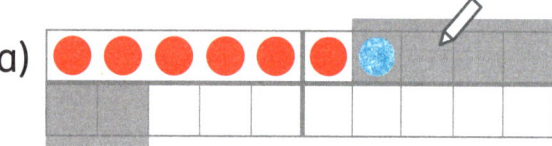

6 + _6_ = 12

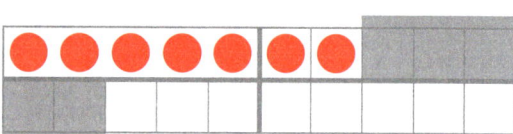

7 + ____ = 12

b)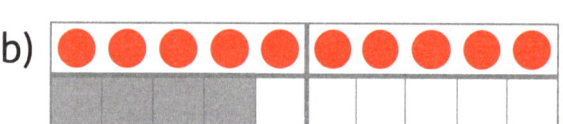

10 + ____ = 14

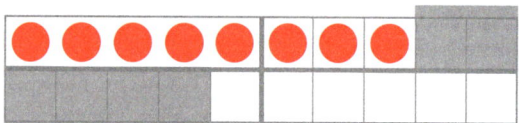

8 + ____ = 14

c)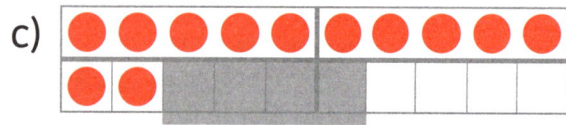

12 + ____ = 16

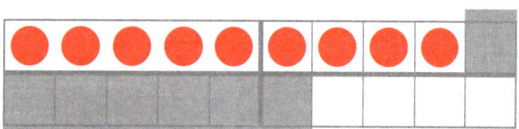

9 + ____ = 16

1 Aufgabe und Umkehraufgabe am Zwanzigerfeld sehen und rechnen. Aufgabe, Tauschaufgabe und Umkehraufgabe ggf. legen und rechnen. **2** Aufgaben durch Ergänzen lösen, fehlende Anzahlen einzeichnen, Aufgabenpaare vergleichen.
→ Schulbuch, Seiten 10/11

Zehnerzahlen

1 Lege und rechne mit Zehnern.

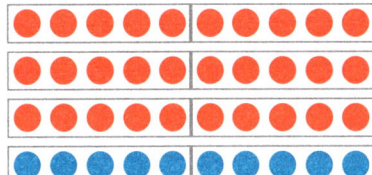 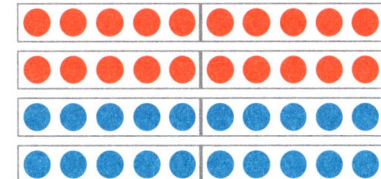 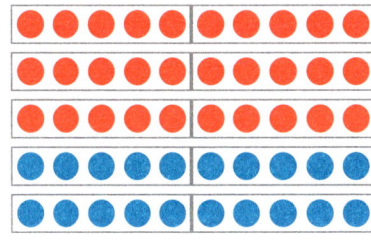

3 **Z** + ___ **Z** = ___ **Z**   ___ **Z** + ___ **Z** = ___ **Z**   ___ **Z** + ___ **Z** = ___ **Z**

30 + ___ = ___   ___ + ___ = ___   ___ + ___ = ___

2 Rechne und zeichne.

a) 2 **Z** + 5 **Z** = ___ **Z**   b) 2 **Z** + 6 **Z** = ___ **Z**   c) 4 **Z** + 4 **Z** = ___ **Z**

20 + 50 = ___   ___ + ___ = ___   ___ + ___ = ___

3 Rechne und zeichne.

a) 10 **Z** − 4 **Z** = ___ **Z**   b) 10 **Z** − 3 **Z** = ___ **Z**   c) 7 **Z** − 2 **Z** = ___ **Z**

100 − 40 = ___   ___ − ___ = ___   ___ − ___ = ___

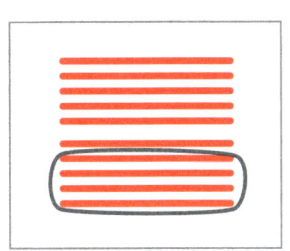 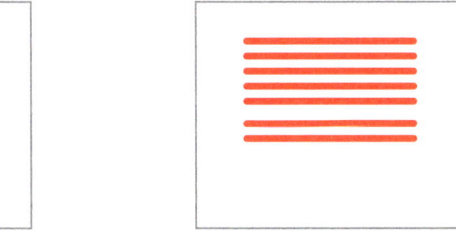

4 a) 10 + 10 = ___   b) 60 + 10 = ___   c) 50 − 20 = ___

30 + 10 = ___   50 + 20 = ___   60 − 20 = ___

50 + 10 = ___   40 + 30 = ___   70 − 20 = ___

1–4 Analogien herstellen und mit Zehnen rechnen.

→ Schulbuch, Seiten 12/13

Mit Geld rechnen

1 Wie viel zusammen?

10 € + 10 € + 10 € = _____   _____

_____   _____

10 ct + _____   _____

_____   _____

2 Zeichne und rechne.

20 € + 20 € + 10 € = _____   20 ct + 20 ct + 10 ct = _____

3 a) 4 € + 1 € = ___ €   b) 3 € + 4 € = ___ €   c) 4 € + ___ € = 10 €

40 € + 10 € = ___ €   30 € + 40 € = ___ €   40 € + ___ € = 100 €

d) 10 € − 4 € = ___ €   e) 5 € − 3 € = ___ €   f) 10 € − ___ € = 5 €

100 € − 40 € = ___ €   50 € − 30 € = ___ €   100 € − ___ € = 50 €

1 Mit Zehnern rechnen.   **2** Münzen und Scheine passend zeichnen und Geldbeträge berechnen.   **3** Analogie des Rechnens mit Zehnern und Einern.
→ Schulbuch, Seiten 14/15

Muster legen

1 Setze das Grundmuster fort. Zeichne.

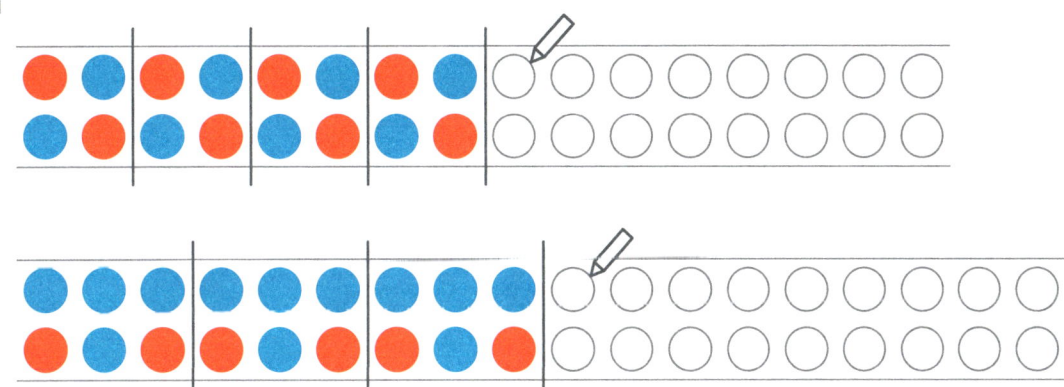

2 Setze fort und zeichne. Markiere das Grundmuster.

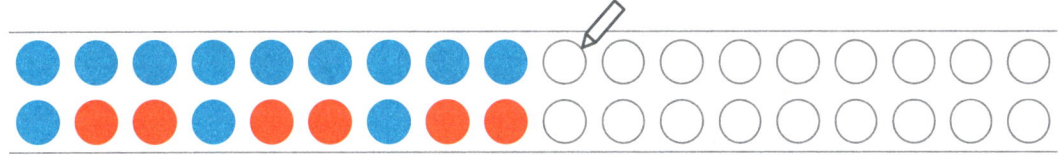

3 Setze das Grundmuster fort. Zeichne.

a) 1. Bild   2. Bild   3. Bild   4. Bild   5. Bild

$1 + 1$ $2 + 2$ ___ + ___   ___ + ___   ___ + ___

b) 1. Bild   2. Bild   3. Bild   4. Bild   5. Bild

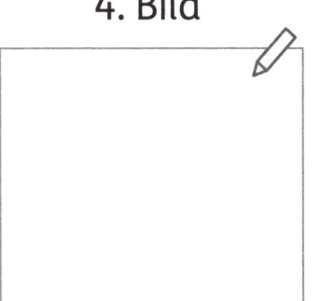

$1 + 1$ ___ + ___   ___ + ___   ___ + ___   ___ + ___

1 Muster fortsetzen. **2** Grundmuster selbst finden, Muster fortsetzen und Grundmuster markieren. **3** Musterfolgen fortsetzen.

→ Schulbuch, Seiten 16/17

11

1 Lieblingseis. Zeichne ein Schaubild.

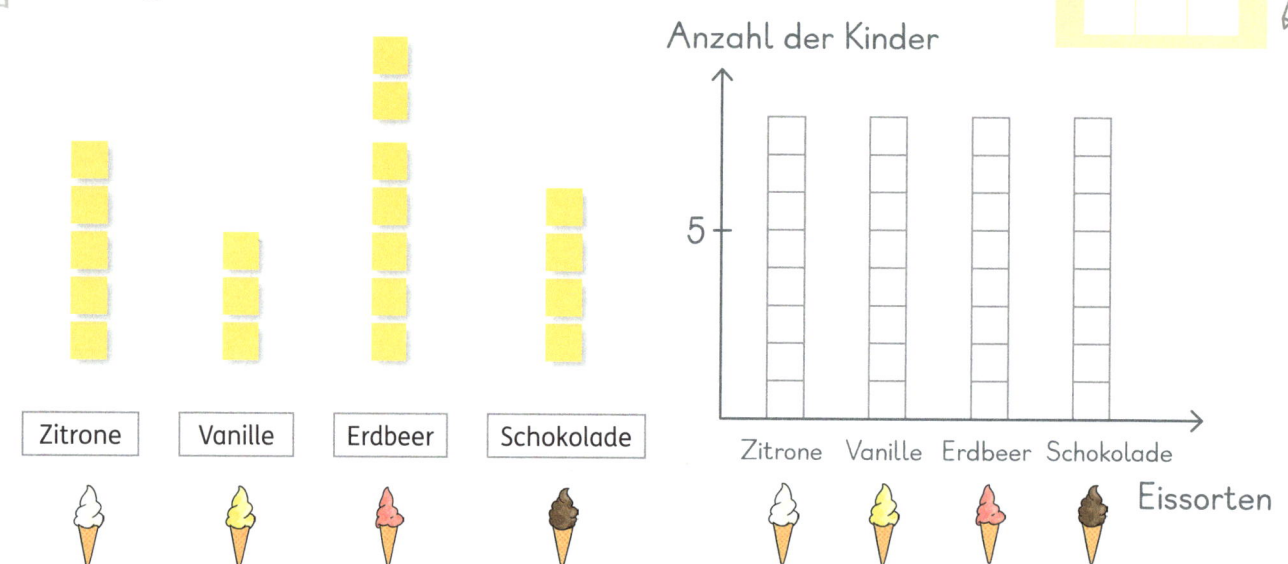

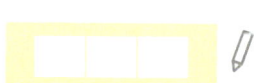

2 Rechne geschickt mit [mit 10] [doppelt] [= 10].

$6 + 10 =$ ___ $\qquad$ $5 + 5 =$ ___ $\qquad$ $7 + 7 =$ ___ $\qquad$ $10 + 4 =$ ___

$6 + \ 9 =$ ___ $\qquad$ $5 + 6 =$ ___ $\qquad$ $8 + 7 =$ ___ $\qquad$ $9 + 4 =$ ___

3 Rechne geschickt mit [10] [10].

$13 - 3 =$ ___ $\qquad$ $17 - 10 =$ ___ $\qquad$ $12 - 2 =$ ___ $\qquad$ $10 - 4 =$ ___

$13 - 4 =$ ___ $\qquad$ $17 - \ 9 =$ ___ $\qquad$ $12 - 3 =$ ___ $\qquad$ $11 - 4 =$ ___

4 Mit Zehnern rechnen wie mit Einern.

$50 + 30 =$ ___ $\qquad$ $40 + 40 =$ ___ $\qquad$ $70 - 50 =$ ___ $\qquad$ $80 - 30 =$ ___

5 Zeichne aus dem Grundmuster ein Muster.

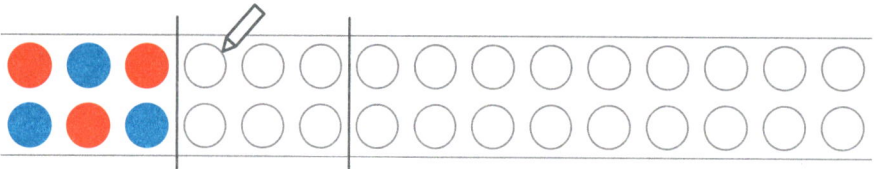

Wesentliche Inhalte des Kapitels noch einmal reflektieren, die eigenen Kompetenzen einschätzen.
→ Schulbuch, Seiten 20/21

Körper in der Umwelt

1 Welcher Körper? Verbinde.

Kugel

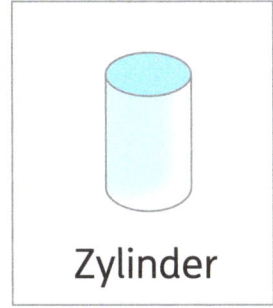

Zylinder

Quader

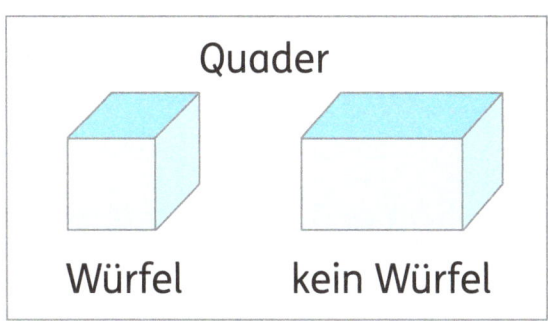

Würfel   kein Würfel

2 Schreibe einen Steckbrief.

Das ist ein Quader.

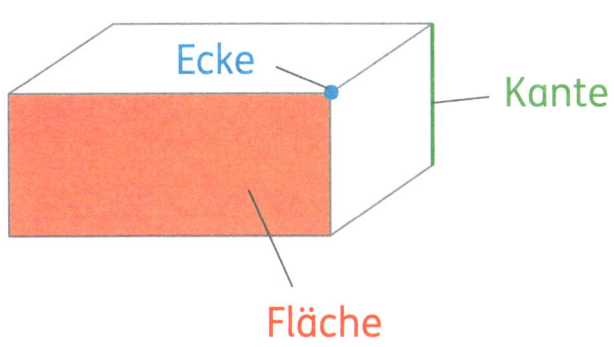

Ecke

Kante

Fläche

Steckbrief „Quader"

Ein Quader hat _____ Flächen.

Ein Quader hat _____ Ecken.

Ein Quader hat _____ Kanten.

Folgende Dinge haben diese Form:

_____

_____

_____

1 Gegenstände bzw. Objekte den Körperformen zuordnen.   **2** Steckbrief zum Quader vervollständigen. Im Unterricht weitere Steckbriefe anlegen.

→ Schulbuch, Seiten 22/23

13

Würfelgebäude

→ Schulbuch, Seiten 24/25

 1 Zeichne die Baupläne.

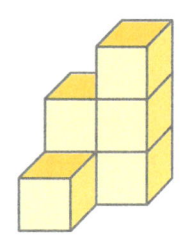   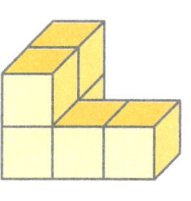

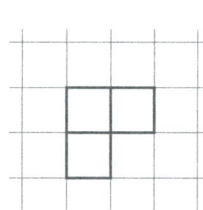 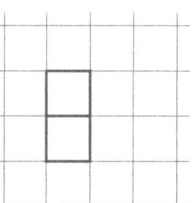 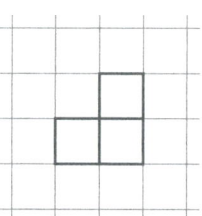 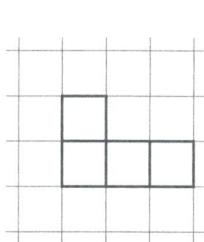

2 Immer 1 Würfel **mehr**. Zeichne die Baupläne.

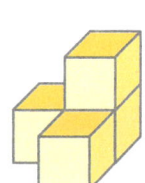   

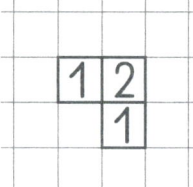 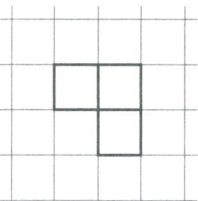 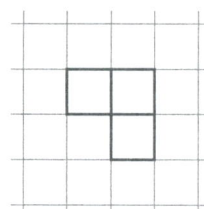 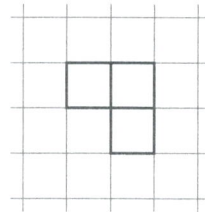

3 Immer 1 Würfel **weniger**. Zeichne die Baupläne.

   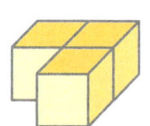

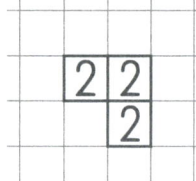 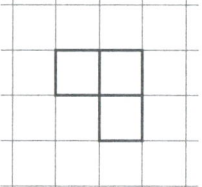 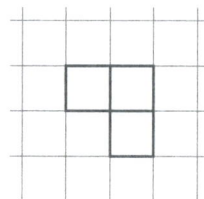 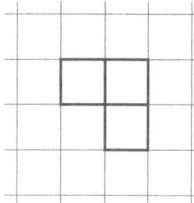

14

1 Baupläne zeichnen. Bei Problemen mit Würfeln nachbauen lassen und den Blick von oben einnehmen.   **2, 3** Baupläne zeichnen. Das Muster (1 Würfel mehr, 1 Würfel weniger) beobachten und zeigen lassen: An welcher Stelle im Würfelgebäude und im Bauplan wird ein Würfel dazugelegt oder weggenommen?

→ Schulbuch, Seiten 24/25

Zählen, Bündeln und Schätzen

1 Wie viele **Z**ehner (**Z**), wie viele **E**iner (**E**)? Bündle immer 10.

a)

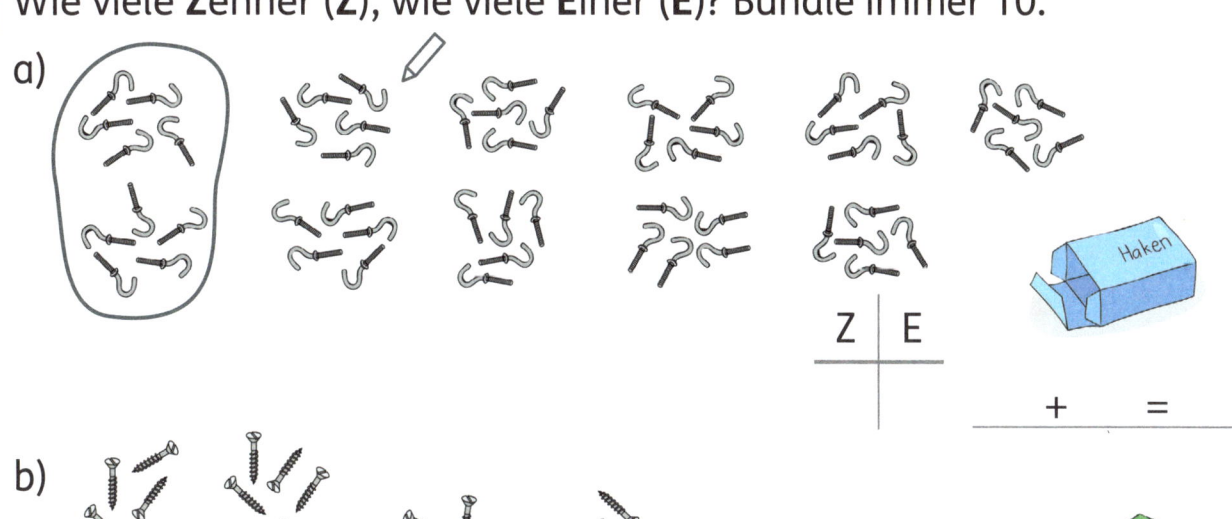

Z | E

___ + ___ = ___

b)

Z | E

___ + ___ = ___

c)

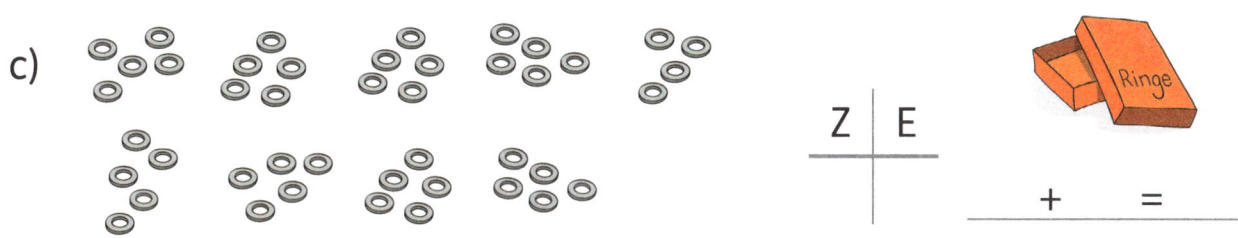

Z | E

___ + ___ = ___

2 Wie viele **Z**ehner? Wie viele **E**iner?

a)　　　　　　　b)　　　　　　　c)

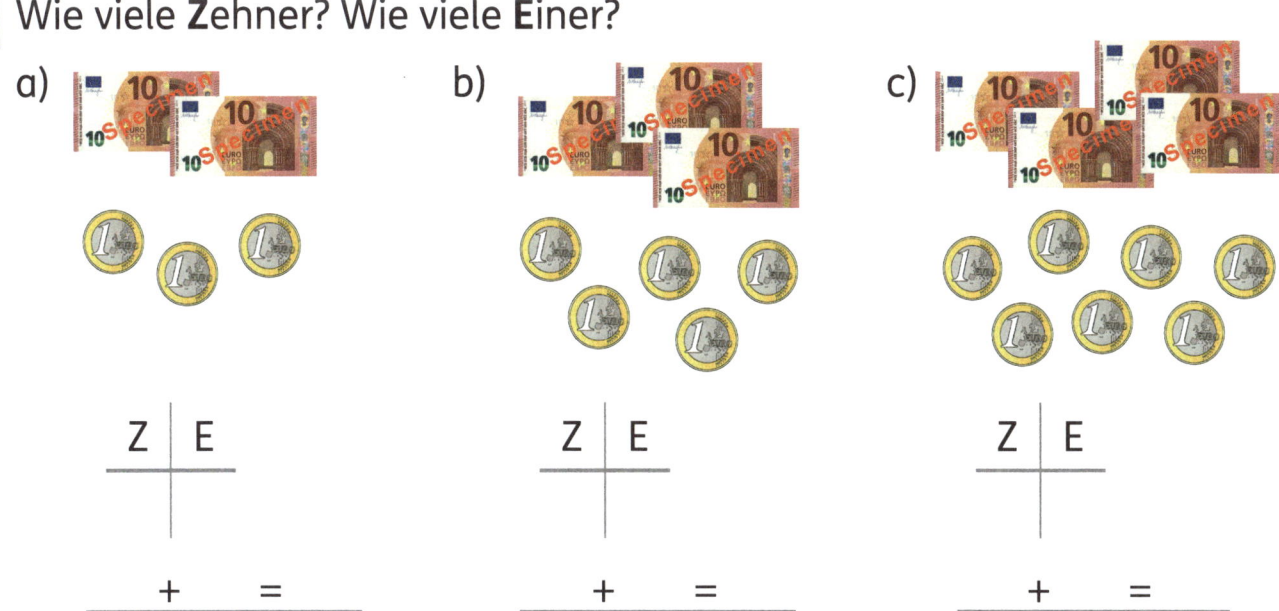

Z | E　　　　　Z | E　　　　　Z | E

___ + ___ = ___　　　___ + ___ = ___　　　___ + ___ = ___

1, 2 Schnelles Sehen von Anzahlen, Unterschied zwischen 1 Zehner und 10 Einern bewusst machen. Stellenwerttafel und Schreibweise der Zahlen herausstellen. Material zum Legen bereitstellen, ggf. Stellenkarten nutzen.

→ Schulbuch, Seiten 26/27

Zählen, Bündeln und Schätzen

1 | Wie viele? Bündele immer 10.

a) 26 **E**iner

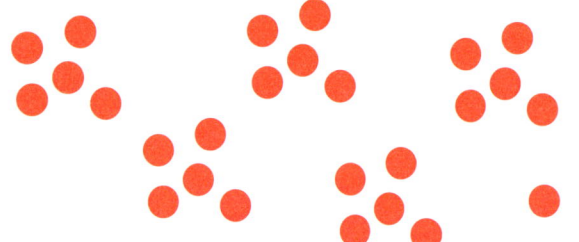

```
Z | E
--+--
  |
___ + ___ = ___
```

b) 32 **E**iner

```
Z | E
--+--
  |
___ + ___ = ___
```

c) 2 **Z**ehner, 4 **E**iner

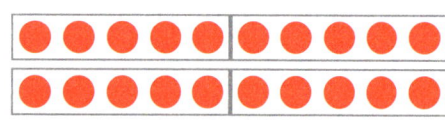

```
Z | E
--+--
  |
___ + ___ = ___
```

d) 1 **Z**ehner, 13 **E**iner

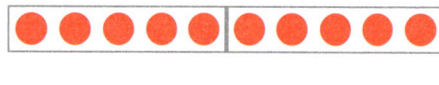

```
Z | E
--+--
  |
___ + ___ = ___
```

e) 3 **Z**ehner, 15 **E**iner

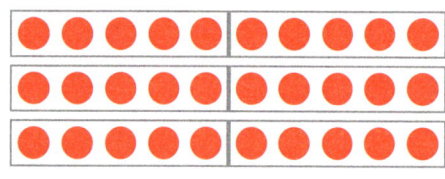

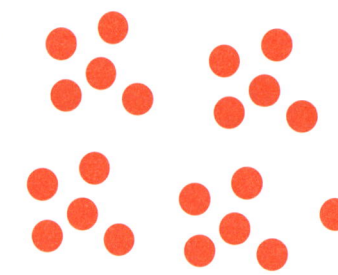

```
Z | E
--+--
  |
___ + ___ = ___
```

f) 4 **Z**ehner, 21 **E**iner

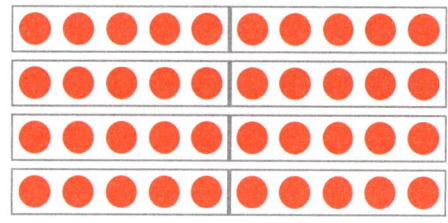

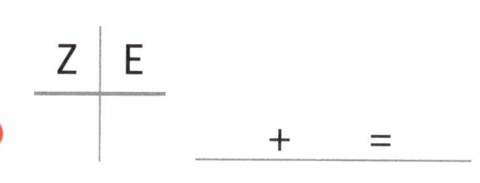

```
Z | E
--+--
  |
___ + ___ = ___
```

1 Darstellung einer Zahl in Zehner und Einer erfassen, in der Stellentafel notieren. Bündeln von 10 Einern zu einem Zehner vertiefen, ggf. mit Material nachlegen, Bündelungen markieren (z.B. mit Gummiring, Wollfaden).
→ Schulbuch, Seiten 26/27

Die Zahlen bis 100

1 Welche Zahlen?

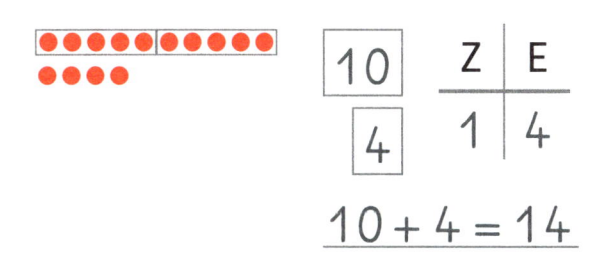
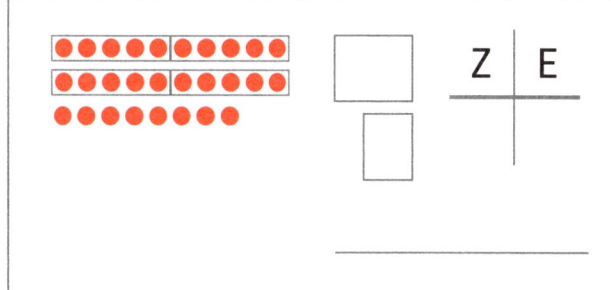

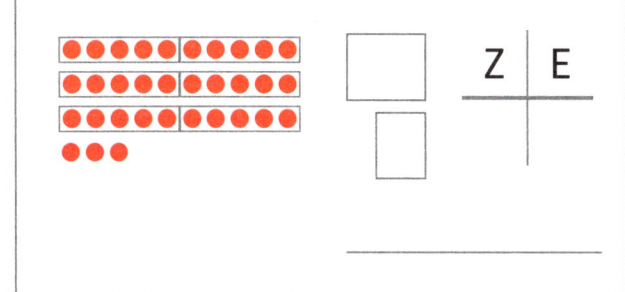
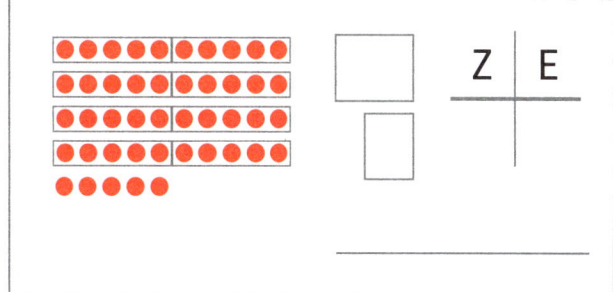

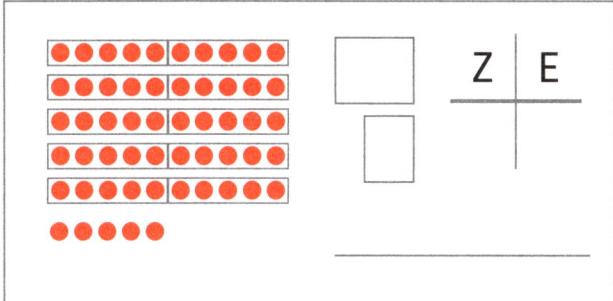
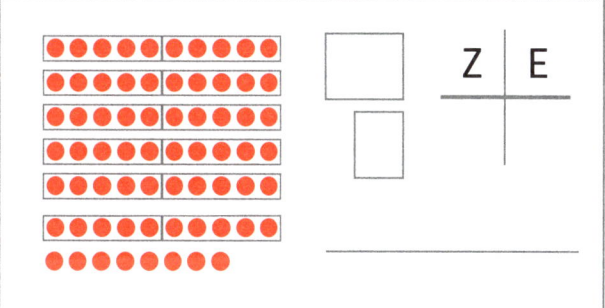

2 Welche Zahlen?

50 + 1 = ____   70 + 4 = ____   10 + 9 = ____   60 + 7 = ____

50 + 2 = ____   80 + 4 = ____   20 + 8 = ____   50 + 6 = ____

50 + 3 = ____   90 + 4 = ____   30 + 7 = ____   40 + 5 = ____

3 Zerlege.

28 = ___ + ___   82 = ___ + ___   55 = ___ + ___   77 = ___ + ___

64 = ___ + ___   46 = ___ + ___   80 = ___ + ___   10 = ___ + ___

42 = ___ + ___   24 = ___ + ___   39 = ___ + ___   93 = ___ + ___

---

1 Zahlen erkennen und mit Zehnerstreifen, Zahlenkarten und Stellenwerttafel darstellen. **2, 3** Zahlen aus Zehnern und Einern zusammensetzen und zerlegen.

→ Schulbuch, Seiten 28/29

Das Hunderterfeld

1 Wie viele?

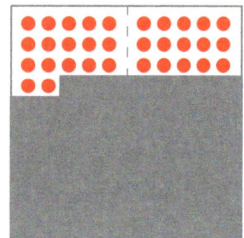 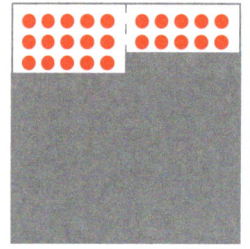 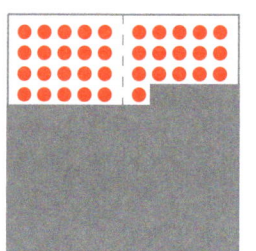 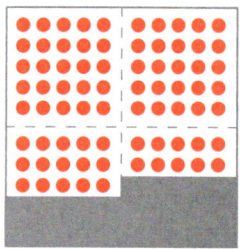

Z	E
3	2	32

Z	E
		___

Z	E
		___

Z	E
		___

2 Zeichne die Zahlbilder. Vergleiche.

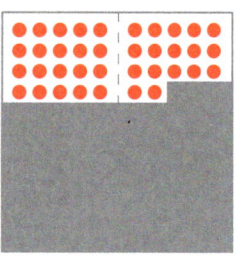 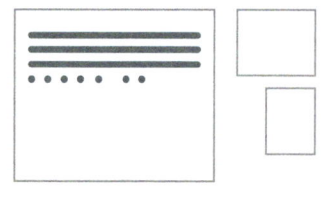 

Z	E
		___

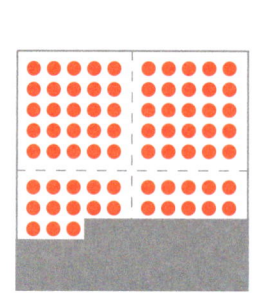 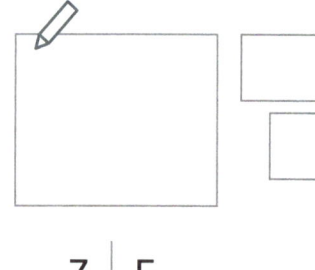

Z	E
		___

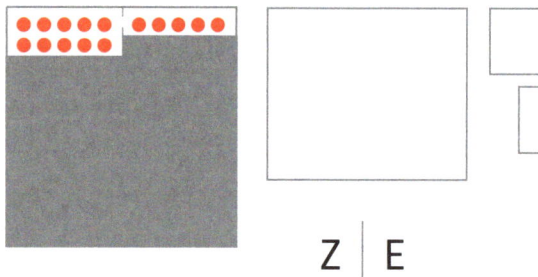

Z	E
		___

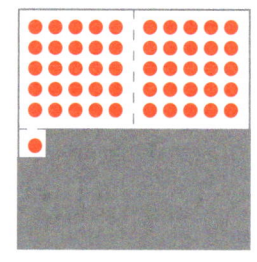

Z	E
		___

3 Welche Zahlen?

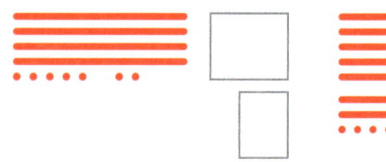   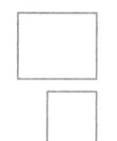 

1–3 Zahlbilder erkennen.
→ Schulbuch, Seiten 30/31

1 Ergänze bis 100.

a) 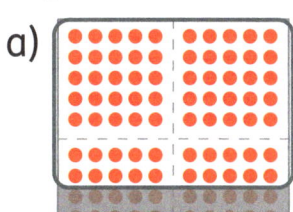 70

> Ich sehe 70.
> Bis 100 fehlen
> 70 noch 30.

Anton

70 + 30 = 100

b)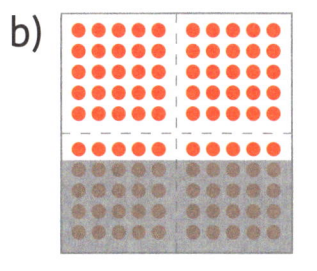

___ + ___ = ___

c)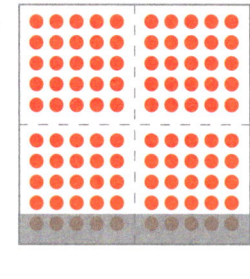

___ + ___ = ___

d)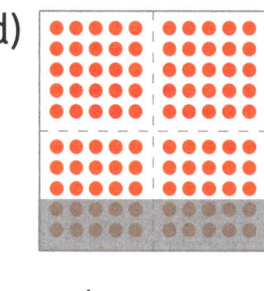

___ + ___ = ___

e)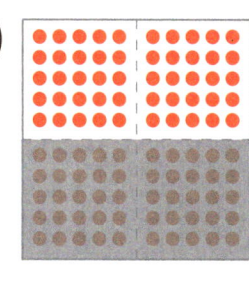

___ + ___ = ___

f)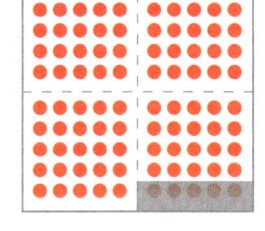

___ + ___ = ___

g)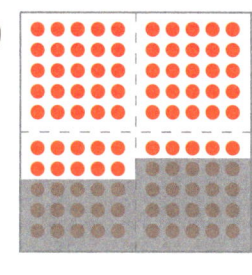

___ + ___ = ___

h)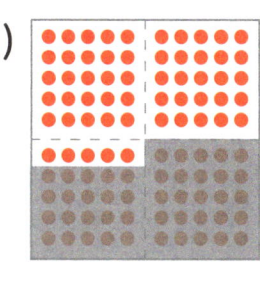

___ + ___ = ___

i)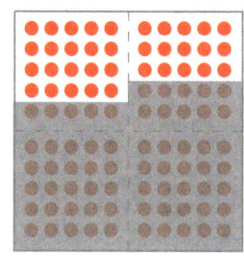

___ + ___ = ___

j)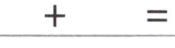

___ + ___ = ___

k)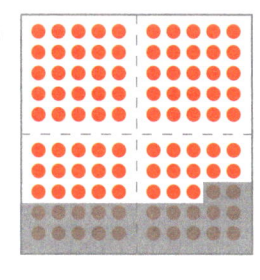

___ + ___ = ___

l)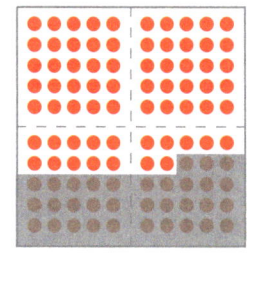

___ + ___ = ___

m)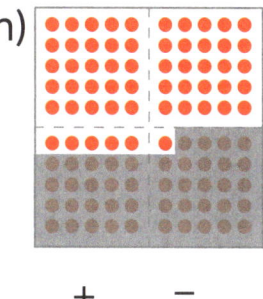

___ + ___ = ___

2

40 + ___ = 100	100 + ___ = 100	10 + ___ = 100	95 + ___ = 100
50 + ___ = 100	90 + ___ = 100	20 + ___ = 100	90 + ___ = 100
60 + ___ = 100	80 + ___ = 100	30 + ___ = 100	85 + ___ = 100

1 Struktur des Huntererfeldes beim Ergänzen nutzen, ggf. Mengen einkreisen. **2** Strukturen zwischen den Aufgaben nutzen, Ergänzungen ggf. am Huntererfeld mit transparentem Winkel legen.

→ Schulbuch, Seiten 30/31

19

Der Zahlenstrahl bis 100

1 Verbinde.

⑮ ㉚ ㊷ ㊼ ㉛

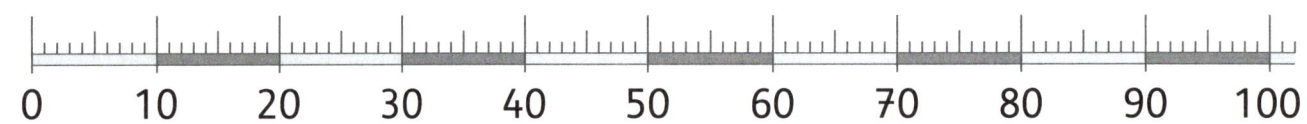

⑧ ㉔ ㊺ ㊲ ㊻ ⑩⓪

2 Nachbarzahlen. Nachfolger.

a) 9, _10_
29, ___

b) 20, ___
40, ___

c) 54, ___
65, ___

d) 61, ___
16, ___

3 Nachbarzahlen. Vorgänger.

a) _8_ , 9
___ , 29

b) ___ , 34
___ , 45

c) ___ , 71
___ , 17

d) ___ , 20
___ , 40

4 Nachbarzahlen. Vorgänger und Nachfolger.

a) 36 − 1 = ___
36 + 1 = ___

b) 25 − 1 = ___
25 + 1 = ___

c) 49 − 1 = ___
49 + 1 = ___

d) 70 − 1 = ___
70 + 1 = ___

5 Zurück zum Nachbarzehner.

34 − _4_ = 30
44 − ___ = 40

51 − ___ = 50
61 − ___ = 60

17 − ___ = 10
28 − ___ = 20

74 − ___ = ___
55 − ___ = ___

6 Vorwärts zum Nachbarzehner.

19 + ___ = 20
39 + ___ = 40

25 + ___ = 30
45 + ___ = 50

80 + ___ = 90
90 + ___ = 100

87 + ___ = 90
77 + ___ = 80

1–6 Aufgaben mithilfe des Zahlenstrahls bis 100 lösen.
→ Schulbuch, Seiten 32/33

Der Rechenstrich

1 Trage die Zahlen ungefähr ein.

a)
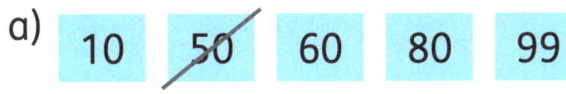

b)

| 10 | 25 | 50 | 75 | 90 |

c)

| 9 | 25 | 30 | 41 | 49 |

d)

| 1 | 20 | 27 | 40 | 45 |

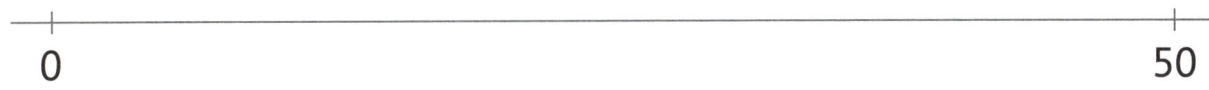

2 Ergänze bis 100.

a) 45 + ____ = 100

b) 55 + ____ = 100

c) 78 + ____ = 100

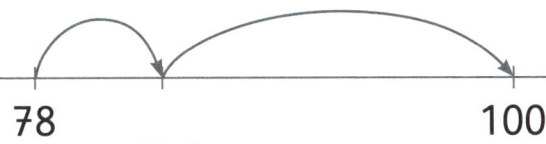

d) 88 + ____ = 100

Die Hundertertafel

1 a) Male an.

Alle Zahlen, mit …

🟧 Einer = 5

🟨 Einer = 1

🟦 Zehner = 5

🟩 Zehner = 1

1	2	3	4	5	6	7	8	9	10
11	12	13	14	15	16	17	18	19	20
21	22	23	24	25	26	27	28	29	30
31	32	33	34	35	36	37	38	39	40
41	42	43	44	45	46	47	48	49	50
51	52	53	54	55	56	57	58	59	60
61	62	63	64	65	66	67	68	69	70
71	72	73	74	75	76	77	78	79	80
81	82	83	84	85	86	87	88	89	90
91	92	93	94	95	96	97	98	99	100

b) Schreibe die markierten Zahlen hier auf.

🟧 | | | | | | | | | | |

🟨 | | | | | | | | | | |

🟦 | | | | | | | | | | |

🟩 | | | | | | | | | | |

2 Zeige und setze fort.

a) | 31 | 32 | 33 | | | | | | | |

b) | 60 | 59 | 58 | | | | | | | |

c) | 2 | 12 | 22 | | | | | | | |

d) | 100 | 90 | 80 | | | | | | | |

1, 2 Vorgegebene Zahlen in der Hundertertafel farbig markieren und notieren, Muster und operative Veränderungen (+10/−10 oder +1/−1).
→ Schulbuch, Seite 36

Rückblick

1 Wie viele? Zeichne und schreibe.

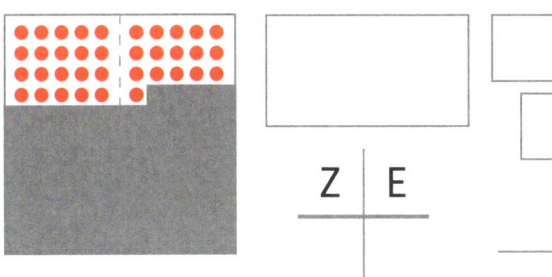

Z | E

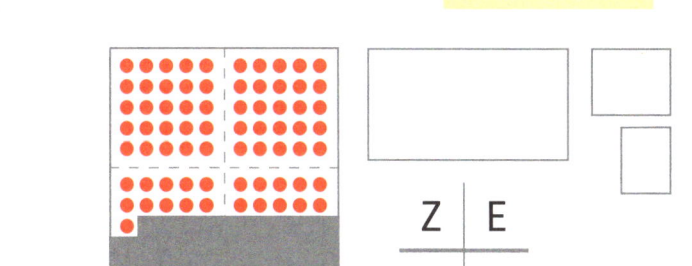

Z | E

2 Nachbarzahlen.

$24 - 1 =$ ___ $42 - 1 =$ ___ $66 - 1 =$ ___ $80 - 1 =$ ___

$24 + 1 =$ ___ $42 + 1 =$ ___ $66 + 1 =$ ___ $80 + 1 =$ ___

3 Trage die Zahlen am Rechenstrich ein.

5   10   50   65   99

0   100

4 Ergänze bis 100.

$40 +$ ____ $= 100$

40   100

5 Welche Körper? Verbinde.

Kugel   Zylinder   Würfel

6 Zeichne den Bauplan.

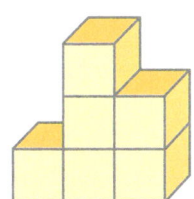   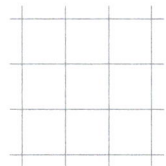

Wesentliche Inhalte des Kapitels noch einmal reflektieren, die eigenen Kompetenzen einschätzen.

→ Schulbuch, Seiten 38/39

23

Einfache Plusaufgaben

1 Mit Zehnern plus rechnen. Zeichne und rechne.

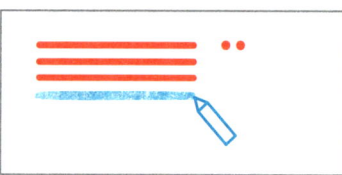  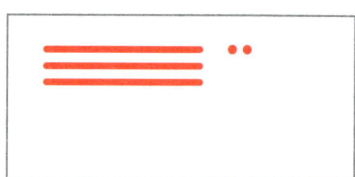

a) 32 + 10 = ____   32 + 20 = ____   32 + 30 = ____

  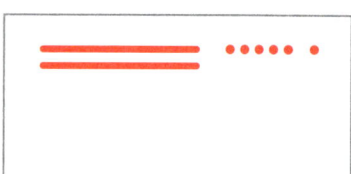

b) 6 + 30 = ____   16 + 30 = ____   26 + 30 = ____

2

45 + 10 = ____	57 + 10 = ____	30 + 7 = ____	5 + 50 = ____
45 + 20 = ____	57 + 30 = ____	30 + 37 = ____	14 + 50 = ____
45 + 30 = ____	57 + 40 = ____	30 + 47 = ____	23 + 50 = ____

3 Mit Einern plus rechnen. Zeichne und rechne.

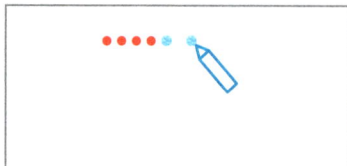 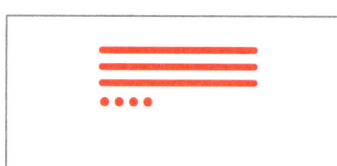 

a) 4 + 2 = ____   34 + 2 = ____   64 + 2 = ____

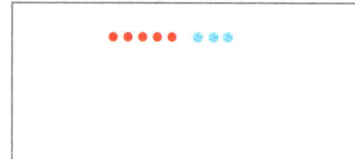  

b) 5 + 3 = ____   25 + 3 = ____   45 + 3 = ____

4

7 + 2 = ____	6 + 3 = ____	1 + 8 = ____	5 + 7 = ____
17 + 2 = ____	46 + 3 = ____	31 + 8 = ____	55 + 7 = ____
27 + 2 = ____	76 + 3 = ____	41 + 8 = ____	75 + 7 = ____

1–4 Einfache Plusaufgaben rechnen.
→ Schulbuch, Seiten 42/43

Schwierige Plusaufgaben

1 Verdopple. Lege und rechne.

  31
$$30 + 30 = 60$$
$$1 + 1 = 2$$
$$31 + 31 =$$

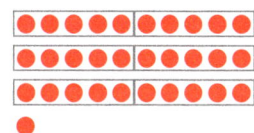 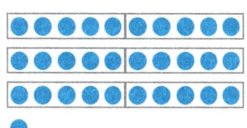

Ich verdopple erst die Zehner, dann die Einer.

Eric

41
$$40 + 40 =$$
$$1 + 1 =$$

23 _____

_____

_____

16 _____

_____

_____

2 **Zehner und Einer extra**. Zeichne, rechne und beschreibe.

34 + 25

$$34 + 25 = 50 + 9 =$$
$$30 + 20$$
$$4 + 5$$

33 + 42

$$33 + 42 =$$

_____

_____

12 + 51

$$12 + 51 =$$

_____

_____

26 + 44

$$26 + 44 =$$

_____

_____

3
$$5 + 5 = \underline{} \qquad 4 + 4 = \underline{} \qquad 7 + 7 = \underline{} \qquad 6 + 6 = \underline{}$$
$$15 + 15 = \underline{} \qquad 14 + 14 = \underline{} \qquad 37 + 37 = \underline{} \qquad 26 + 26 = \underline{}$$

1–3 Additionsaufgaben mit der Strategie ‚Zehner, Einer extra' rechnen.   **1** Verdopplungsaufgabe legen, Stellenwerte geschickt zusammenrechnen.   **2** Zahlenbild zeichnen, Rechnungen notieren, beschreiben und mit einem Partnerkind vergleichen.
3 Aufgaben ggf. mit Material legen, beschreiben und zunehmend mental lösen.

→ Schulbuch, Seiten 44/45

25

Schwierige Plusaufgaben

1 | **In Schritten vorwärts.** Zeichne, rechne und beschreibe.

16 + 23

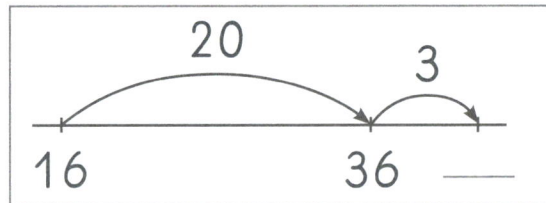

16 + 23 =

16 + 20 = 36

36 + 3 =

44 + 15

44 + 15 =

_____

_____

19 + 31

19 + 31 =

_____

_____

_____

25 + 47

25 + 47 =

_____

_____

_____

64 + 17

64 + 17 =

_____

_____

2

3 + 6 = ___   5 + 4 = ___   7 + 7 = ___   5 + 6 = ___

3 + 16 = ___   5 + 44 = ___   7 + 37 = ___   25 + 6 = ___

3

23 + 30 = ___   17 + 50 = ___   24 + 6 = ___   48 + 2 = ___

23 + 36 = ___   17 + 51 = ___   24 + 26 = ___   48 + 52 = ___

1 Additionsaufgaben mit der Strategie ‚In Schritten vorwärts‘ rechnen, den zweiten Summanden geschickt zerlegen, Rechenweg am Rechenstrich aufzeichnen und/oder als Aufgaben notieren.   **2, 3** Aufgaben vergleichen und die 2. Aufgabe geschickt mit Bezug zur einfachen Aufgabe rechnen.

→ Schulbuch, Seiten 44/45

Rechenwege bei Plusaufgaben

1 Rechne. Die einfache Aufgabe hilft dir.

32 + 20 = ____   45 + 20 = ____   14 + 20 = ____   53 + 30 = ____

32 + 21 = ____   45 + 19 = ____   14 + 19 = ____   53 + 29 = ____

2 **Hilfsaufgabe.** Rechne am Rechenstrich. Beschreibe.

a) 17 + 49 = ____

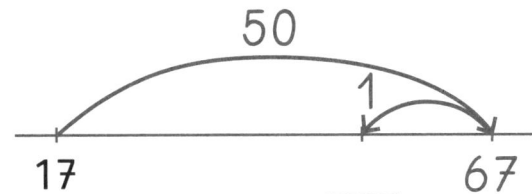

b) 24 + 19 = ____

c) 36 + 29 = ____

d) 13 + 39 = ____

e) 27 + 58 = ____

f) 35 + 28 = ____

3 Welche Plusaufgabe wurde gerechnet?

a) ____ + ____ = ____

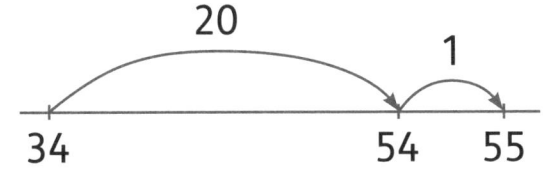

b) ____ + ____ = ____

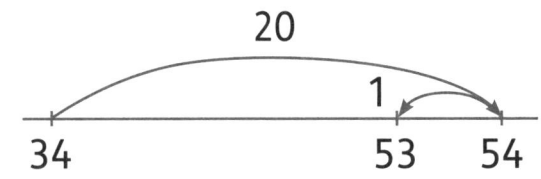

c) ____ + ____ = ____

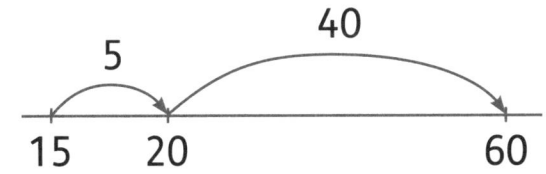

d) ____ + ____ = ____

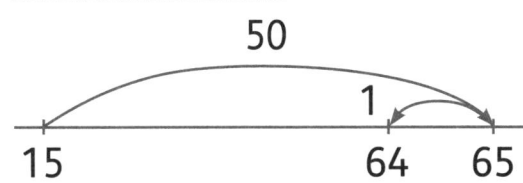

1 Beziehungen zwischen den Aufgaben zum Rechnen nutzen, das Ableiten als Vorbereitung zur Strategie ‚Hilfsaufgabe' üben.
2 Aufgaben mit der Strategie ‚Hilfsaufgabe' lösen, Rechenweg beschreiben.   **3** Aufgaben zu Darstellungen am Rechenstrich finden.

→ Schulbuch, Seiten 46/47

27

Gemischte Übungen

1 Halbieren. Lege und rechne.

52

$50 = 25 + 25$
$2 = 1 + 1$
$52 = $

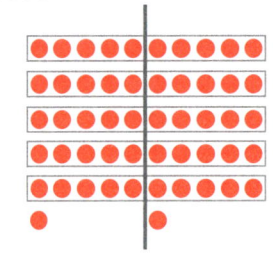

Ich halbiere erst die Zehner, dann die Einer.

Kim

46   ___ = ___ + ___
___ = ___ + ___
___ = ___ + ___

66   ___ = ___ + ___
___ = ___ + ___
___ = ___ + ___

38   ___ = ___ + ___
___ = ___ + ___
___ = ___ + ___

2 Wie rechnest du? Schreibe oder zeichne deinen Rechenweg.

a) $53 + 25 =$
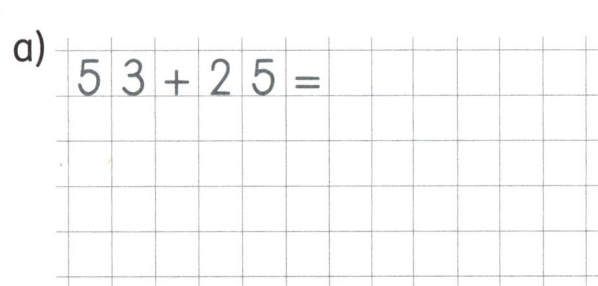

b) $26 + 19 =$
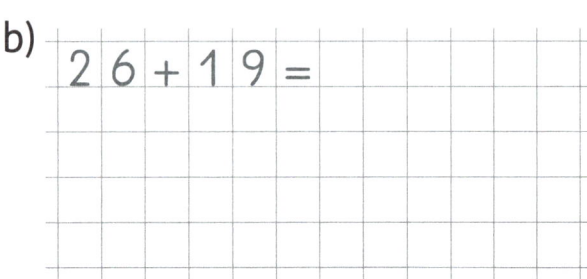

c) $16 + 54 =$
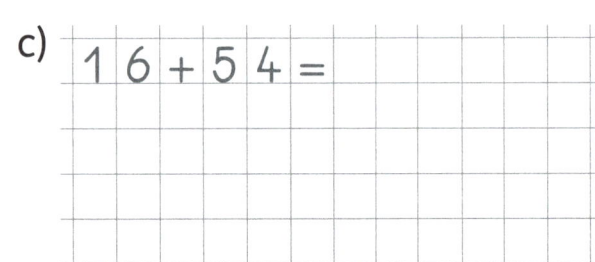

d) $52 + 18 =$
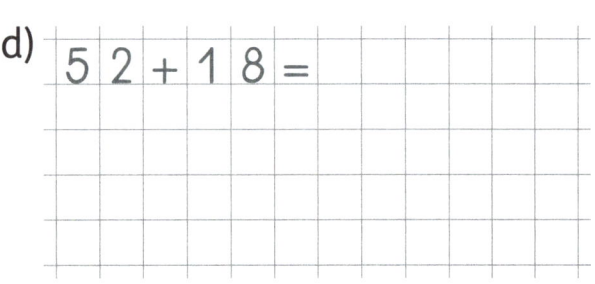

3 Schöne Päckchen. Rechne und setze fort. Was fällt dir auf?

$32 + 6 =$ ___
$32 + 7 =$ ___
$32 + 8 =$ ___

$44 + 2 =$ ___
$44 + 4 =$ ___
$44 + 6 =$ ___

$52 + 4 =$ ___
$54 + 4 =$ ___
$56 + 4 =$ ___

$61 + 5 =$ ___
$63 + 5 =$ ___
$65 + 5 =$ ___

_____   _____   _____   _____

1 Halbierungsaufgaben legen und rechnen, ggf. Geldmünzen und Scheine thematisieren und Halbierungsaufgaben mit Rechengeld lösen lassen.   **2** Additionsaufgaben auf eigenen Wegen lösen.   **3** Muster erkennen und mit Forschermitteln (Farben, Pfeile) markieren und fortsetzen.

→ Schulbuch, Seiten 48/49

1 Vergleiche die Zahlenmauern. Setze fort.
Was fällt dir auf? Markiere.

a)
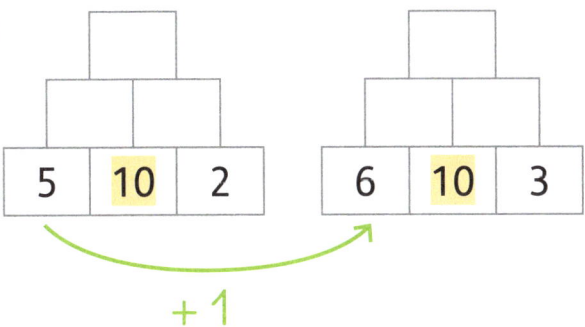 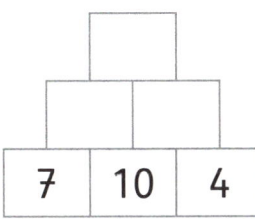 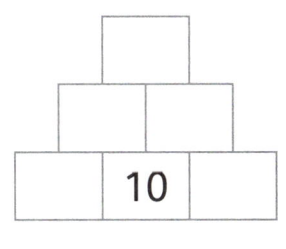

| 5 | **10** | 2 | | 6 | **10** | 3 | | 7 | 10 | 4 | | | 10 | |

+1

b)
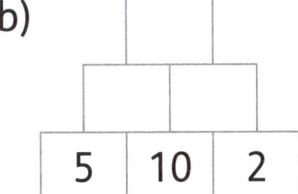 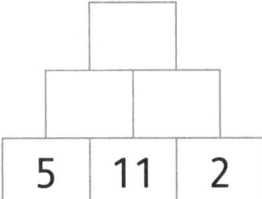 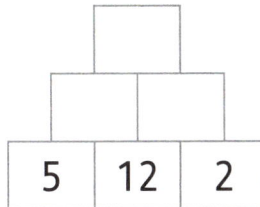 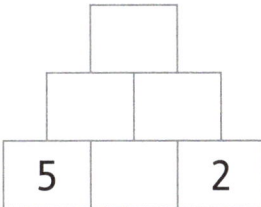

| 5 | 10 | 2 | | 5 | 11 | 2 | | 5 | 12 | 2 | | 5 | | 2 |

c)
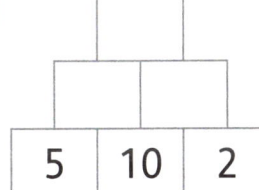 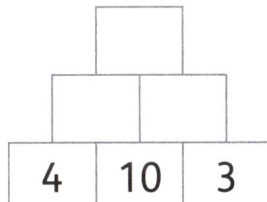 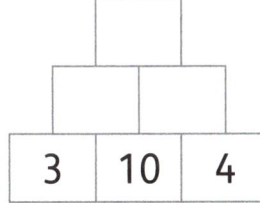 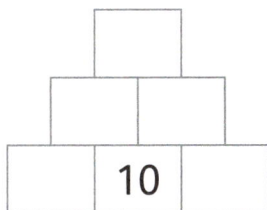

| 5 | 10 | 2 | | 4 | 10 | 3 | | 3 | 10 | 4 | | | 10 | |

2 Finde Zahlenmauern mit den 6 Zahlen.

a)
| ~~5~~ | 11 | ~~6~~ |
| 13 | 7 | 24 |

b)
| 6 | 13 | 15 |
| 7 | 8 | 28 |

c)
| 17 | 8 | 15 |
| 9 | 7 | 32 |

| 5 | 6 | |

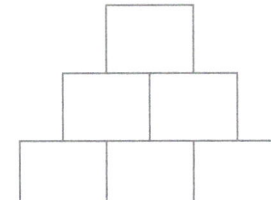

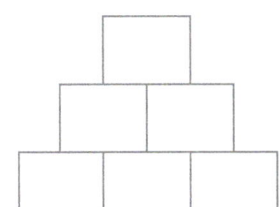

1, 2 Strukturen zwischen Grundsteinen und Decksteinen der Zahlenmauern wiederholen und vertiefen. Forschermittel, wie Farben und Pfeile, einsetzen.
→ Schulbuch, Seiten 48/49

29

Einfache Minusaufgaben

1 Mit Zehnern minus rechnen. Zeichne und rechne.

a)

$31 - 20 =$ ____

$42 - 20 =$ ____

$53 - 20 =$ ____

b)

$45 - 20 =$ ____

$47 - 30 =$ ____

$49 - 40 =$ ____

2

$53 - 10 =$ ____

$54 - 10 =$ ____

$55 - 10 =$ ____

$56 - 10 =$ ____

$21 - 20 =$ ____

$32 - 20 =$ ____

$43 - 20 =$ ____

$54 - 20 =$ ____

$61 - 60 =$ ____

$61 - 50 =$ ____

$61 - 40 =$ ____

$61 - 30 =$ ____

$99 - 30 =$ ____

$99 - 50 =$ ____

$99 - 70 =$ ____

$99 - 90 =$ ____

3 Mit Einern minus rechnen. Zeichne und rechne.

a)

$31 - 3 =$ ____

$33 - 4 =$ ____

$35 - 5 =$ ____

b)

$56 - 6 =$ ____

$56 - 7 =$ ____

$56 - 8 =$ ____

4

$16 - 3 =$ ____

$36 - 3 =$ ____

$56 - 3 =$ ____

$76 - 3 =$ ____

$45 - 4 =$ ____

$56 - 4 =$ ____

$67 - 4 =$ ____

$78 - 4 =$ ____

$47 - 5 =$ ____

$47 - 7 =$ ____

$47 - 9 =$ ____

$47 - 11 =$ ____

$64 - 1 =$ ____

$64 - 3 =$ ____

$64 - 5 =$ ____

$64 - 7 =$ ____

1–4 Einfache Minusaufgaben rechnen.
→ Schulbuch, Seiten 50/51

Schwierige Minusaufgaben

1 **Zehner und Einer extra**. Zeichne, rechne und beschreibe.

34 − 25 = _____

30 − 20 _____

_____

35 − 24 = _____

_____

_____

62 − 42 = _____

_____

_____

62 − 24 = _____

_____

_____

2 **In Schritten zurück**. Rechne und zeichne am Rechenstrich.

53 − 25 = ____

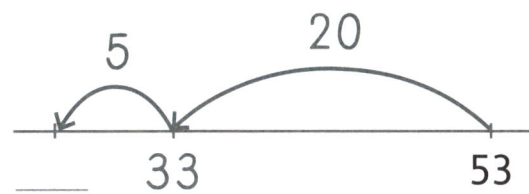

5   20

____   33   53

53 − 45 = ____

53

71 − 34 = ____

71

71 − 54 = ____

71

49 − 17 = ____

49

89 − 17 = ____

89

3

80 − 8 = ___	37 − 5 = ___	28 − 7 = ___	35 − 6 = ___
80 − 18 = ___	37 − 15 = ___	24 − 7 = ___	54 − 6 = ___
80 − 28 = ___	37 − 35 = ___	22 − 7 = ___	73 − 6 = ___

1, 2 Strategie ‚Zehner, Einer extra' und ‚in Schritten rückwärts' erkunden und beschreiben.   **3** Minusaufgaben rechnen, Zusammenhänge erkennen und nutzen.

→ Schulbuch, Seiten 52/53

Rechenwege bei Minusaufgaben

1 **Ergänzen.** Rechne wie Esra oder wie Anton.

Ich ergänze erst bis zum nächsten Zehner.

46 + ____ = 62

Ich ergänze erst bis zum passenden Einer.

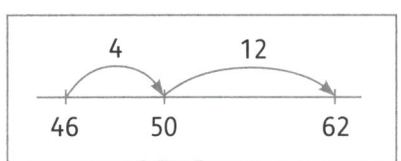

4   12

46   50   62

Esra

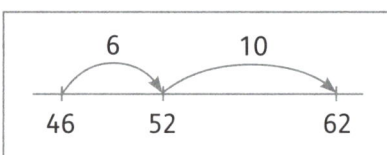

6   10

46   52   62

Anton

36 + ____ = 62

56 + ____ = 72

36   62

56   72

27 + ____ = 40

67 + ____ = 90

27   40

67   90

52 + ____ = 80

32 + ____ = 60

52   80

32   60

2
79 + ____ = 80   44 + ____ = 50   36 + ____ = 50   81 + ____ = 90
79 + ____ = 82   44 + ____ = 55   36 + ____ = 54   81 + ____ = 92

20 + ____ = 70   32 + ____ = 62   54 + ____ = 68   13 + ____ = 82
22 + ____ = 77   34 + ____ = 64   44 + ____ = 58   13 + ____ = 84

1 Ergänzen am Rechenstrich.   2 Aufgabenpaare vergleichen, Beziehungen zum Lösen nutzen.
→ Schulbuch, Seiten 54/55

Rechenwege bei Minusaufgaben

1 **Hilfsaufgabe.** Rechne und zeichne am Rechenstrich.

83 − 19 = _____

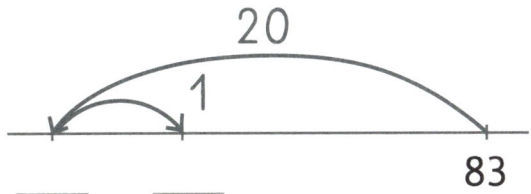

20

1

_____   _____   83

19 liegt nah an 20.

Leo

45 − 19 = _____

45

74 − 19 = _____

74

63 − 29 = _____

63

56 − 29 = _____

56

54 − 18 = _____

42 − 18 = _____

2 Rechne. Die einfache Aufgabe hilft dir.

66 − 20 = _____   53 − 20 = _____   71 − 10 = _____   92 − 10 = _____

66 − 21 = _____   53 − 23 = _____   71 − 9 = _____   92 − 9 = _____

3 Schöne Päckchen. Setze fort. Markiere.

15 − 5 = _____   37 − 6 = _____   42 − 2 = _____   64 − 1 = _____

15 − 6 = _____   37 − 7 = _____   42 − 3 = _____   64 − 3 = _____

_____   _____   _____   _____

1 Strategie ‚Hilfsaufgabe' erkunden und bewusst anwenden, Rechenweg am Rechenstrich darstellen. **2, 3** Beziehungen zwischen den Aufgaben nutzen.

→ Schulbuch, Seiten 54/55

Gemischte Übungen

✳ 1 Wie rechnest du?

Schreibe deinen Rechenweg oder zeichne am Rechenstrich.

a) 43 – 14 =

b) 65 – 26 =

c) 72 – 34 =

d) 93 28 =

e) 32 – 19 =

f) 51 – 9 =

● 2 Welche Minusaufgabe wurde gerechnet?

a) 63 – 27 = 36

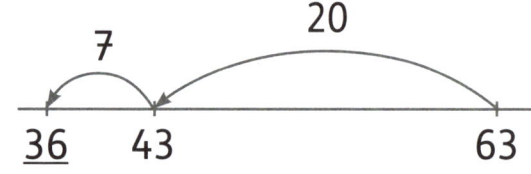

b) ____ – ____ = ____

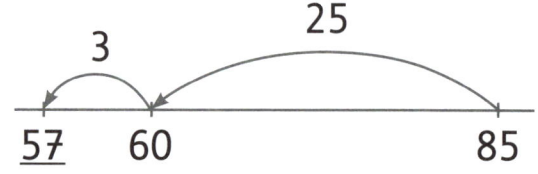

c) ____ – ____ = ____

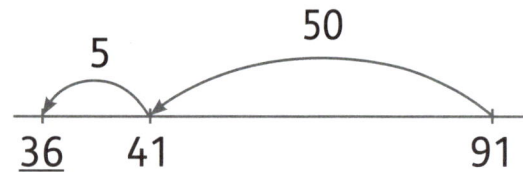

d) ____ – ____ = ____

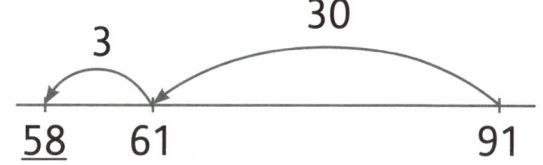

1 Rechenweg in Bezug zu den Zahlen bewusst auswählen. 2 Aufgaben zu Darstellungen am Rechenstrich finden.
→ Schulbuch, Seite 56

Forschen und Finden: Schöne Päckchen

1 Schöne Päckchen mit Plusaufgaben. Setze fort.

Was fällt dir auf? Markiere.

17 + 3 = ___	9 + 4 = ___	12 + 6 = ___	20 + 10 = ___
18 + 4 = ___	10 + 5 = ___	13 + 7 = ___	19 + 11 = ___
19 + 5 = ___	11 + 6 = ___	14 + 8 = ___	18 + 12 = ___

_____ _____ _____ _____

Ordne zu:

> Wenn beide Zahlen um 1 größer werden, wird das Ergebnis um 2 größer.

> Wenn eine Zahl um 1 kleiner wird und die andere Zahl um 1 größer, bleibt das Ergebnis gleich.

2 Schöne Päckchen mit Plusaufgaben. Setze fort.

Was fällt dir auf? Markiere.

25 – 3 = ___	38 – 2 = ___	28 – 1 = ___	15 – 10 = ___
26 – 3 = ___	38 – 4 = ___	27 – 3 = ___	16 – 12 = ___
27 – 3 = ___	38 – 6 = ___	26 – 5 = ___	17 – 14 = ___

_____ _____ _____ _____

3 Schöne Päckchen. Wie kann es weitergehen?

Das Ergebnis bleibt gleich.	Das Ergebnis wird um 2 größer.	Das Ergebnis wird um 1 größer.
30 + 20 = 50	25 + 5 = 30	18 – 3 = 15
___ + ___ = 50	___ + ___ = 32	___ – ___ = 16
___ + ___ = 50	___ + ___ = 34	___ – ___ = 17
___ + ___ = 50	___ + ___ = 36	___ – ___ = 18

---

1 Muster in den Additionspäckchen erkennen und fortsetzen, mit Forschermitteln Auffälligkeiten markieren, passende Beschreibung zuordnen. **2** Muster in den schönen Päckchen erkennen und fortsetzen. **3** Schöne Päckchen zu den Anforderungen selbst erfinden.

→ Schulbuch, Seite 57

Rückblick

○ **1** Einfache Plusaufgaben.

    a) $13 + 10 =$ _____   b) $46 + 20 =$ _____   c) $36 + 4 =$ _____

        $42 + 10 =$ _____ $46 + 30 =$ _____ $66 + 4 =$ _____

✳ **2** Wie rechnest du?

    a)
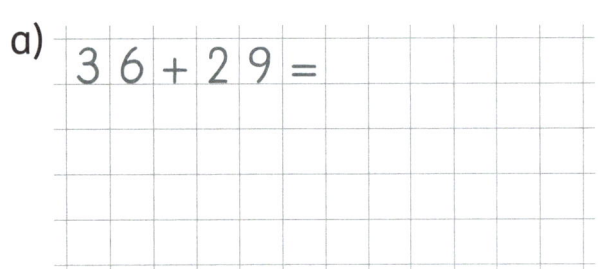

    b)
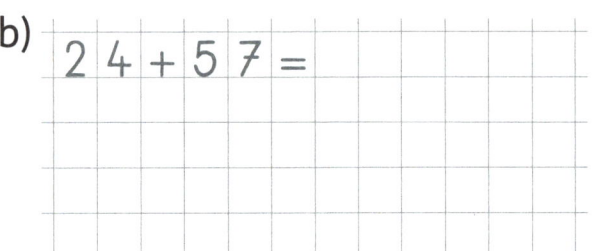

○ **3** Einfache Minusaufgaben.

    a) $86 - 30 =$ _____   b) $94 - 50 =$ _____   c) $87 - 6 =$ _____

        $86 - 60 =$ _____ $94 - 40 =$ _____ $87 - 7 =$ _____

✳ **4** Wie rechnest du?

    a)
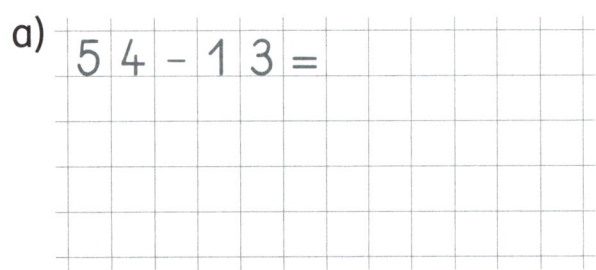

    b)
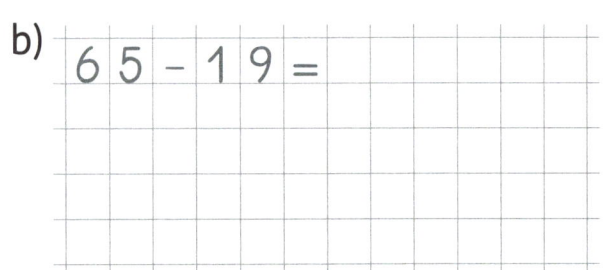

○ **5** Zeichne Strecken.

    a) 1 cm   b) 3 cm

Wesentliche Inhalte des Kapitels noch einmal reflektieren, die eigenen Kompetenzen einschätzen.
→ Schulbuch, Seiten 58/59

Geldwerte

1 Wie viel Geld ist es?

50€ 5€	_____ €	10€ 50ct	_____ € _____ ct
20€ 20€ 2€	_____ €	2€ 2€ 2€ 20ct	_____ € _____ ct
10€ 5€ 2€	_____ €	10€ 1€ 5ct	_____ € _____ ct
50ct 1ct	_____ ct	20€ 10€ 2ct	_____ € _____ ct
20ct 5ct 2ct	_____ ct	50€ 10€ 10ct 10ct	_____ € _____ ct
50ct 10ct 20ct 10ct	_____ ct	1€ 50ct 20ct 5ct	_____ € _____ ct

2 Lege und zeichne.

23 Euro	20 (2) (1)	31 Cent	(20) (10) (1)
42 Euro		13 Cent	
54 Euro		25 Cent	
61 Euro		55 Cent	
19 Euro		47 Cent	

1, 2 Geldbeträge bestimmen. Aufgaben evtl. mit Rechengeld lösen.

→ Schulbuch, Seiten 60/61

37

Einkaufen und Bezahlen

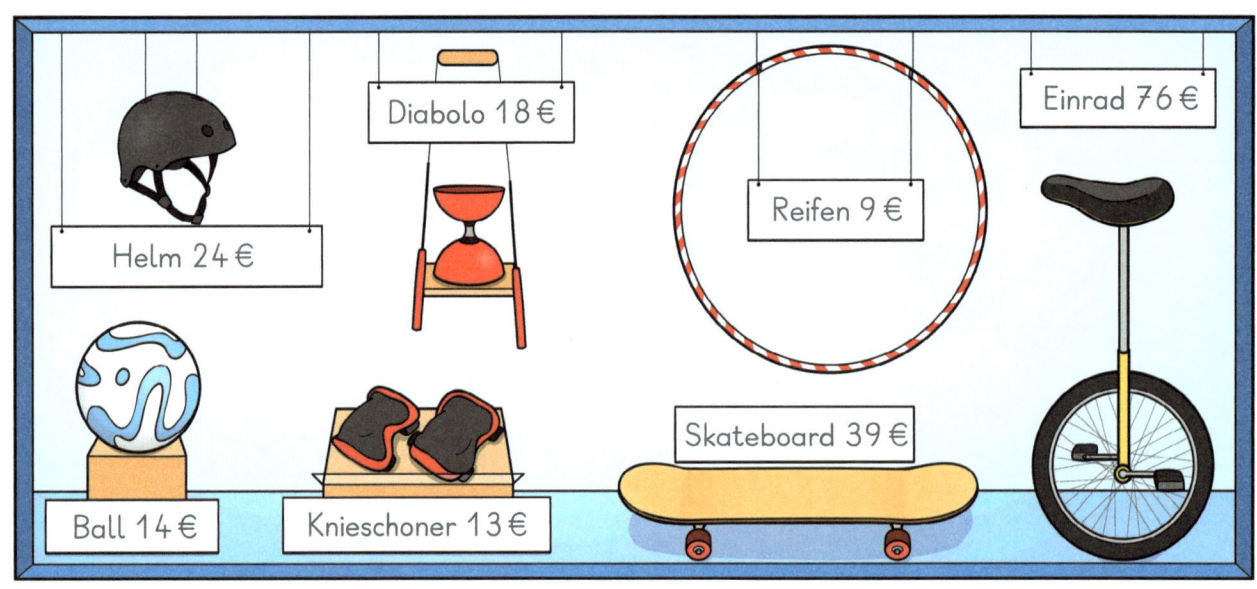

1 Bezahle passend.

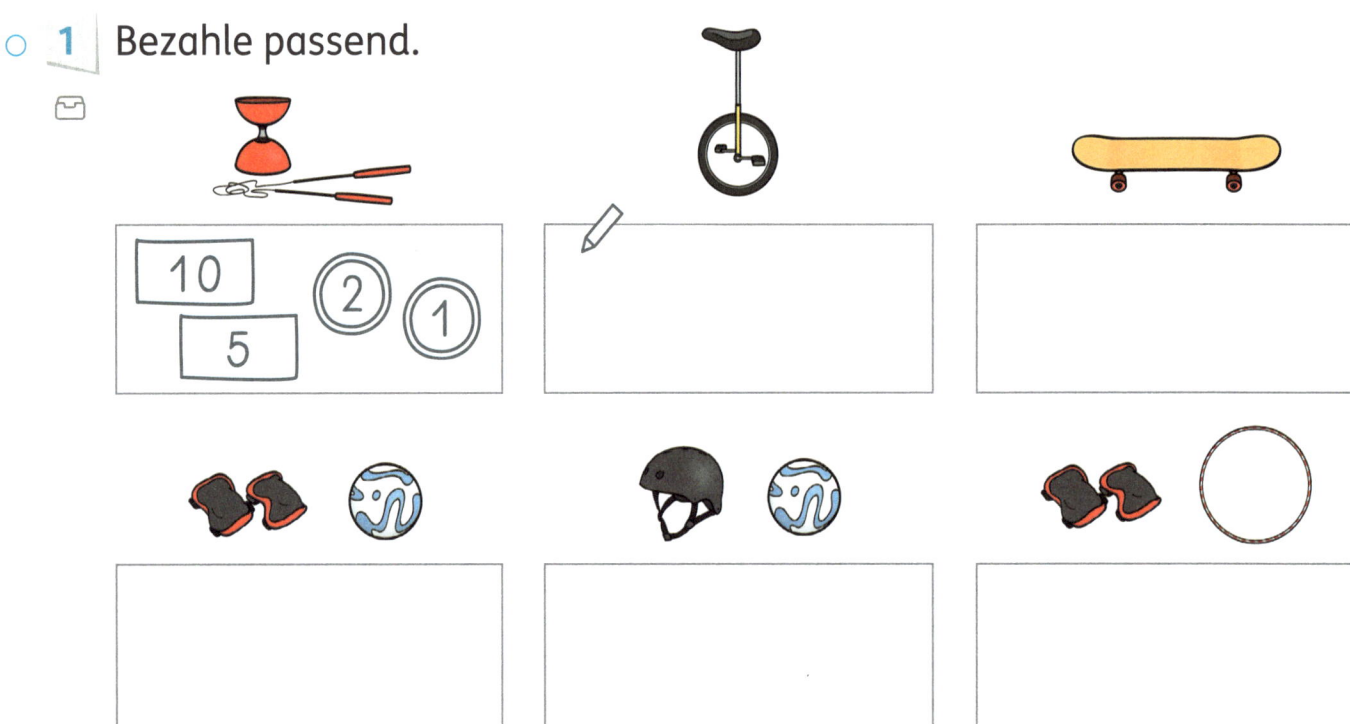

2 Berechne das Rückgeld.

Sophie kauft:	Sie gibt:	Sie bekommt zurück:
a) 		
b) 	 	

 **1** Preise berechnen, mit Rechengeld legen und aufzeichnen. **2** Rückgeld berechnen.
→ Schulbuch, Seiten 62/63

Mit Geld rechnen

1

2 € 50 ct + _____

_____   _____

※ 2 Mia bestellt für 9 €:   Ich bestelle:

[   ]   [   ]

= 9 €   _____

3 Berechne das Rückgeld.

Anna kauft: Sie gibt: Sie bekommt zurück:

a)       [   ]

b)        [   ]

Malaufgaben in der Umwelt

1 Schreibe immer eine Plusaufgabe und eine Malaufgabe.

a) 　　　b) 　　　c)

$3 + 3 + 3 + 3 = 12$

$4 \cdot 3 =$

d) 　　　e)

_____

_____

f) 　　　g)

_____

_____

h) 　　　i)

_____

_____

1 Passende Plus- und Malaufgabe suchen und notieren.

→ Schulbuch, Seiten 66/67

Malaufgaben in der Umwelt

1 Schreibe immer eine Plusaufgabe und eine Malaufgabe.

a)

$5 + 5 =$ _____

$2 \cdot 5 =$ _____

b)
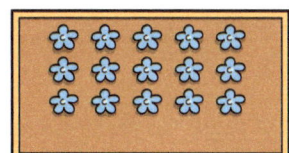

_____

_____

c)
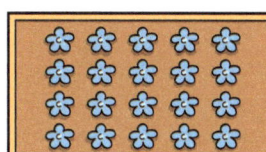

_____

_____

d)

_____

_____

e)

_____

_____

f)

_____

_____

g)

_____

_____

h)

_____

_____

i)

_____

_____

2

$3 \cdot 4 =$ ____

$2 \cdot 5 =$ ____

3 Die Aufgaben kann ich schon:

1 Plus- und Malaufgaben zu den Bildern finden. **2** (Verschiedene) Bilder zu den Malaufgaben zeichnen. **3** Alle schon bekannten Malaufgaben notieren (diagnostische Hinweise zu den Vorkenntnissen).

→ Schulbuch, Seiten 66/67

41

Malaufgaben in der Umwelt

1

	a)	b)	c)
1 Brötchen	2 Brötchen	3 Brötchen	4 Brötchen
_2_ Hälften	___ Hälften	___ Hälften	___ Hälften

2

	a)	b)	c)
1 Apfel	2 Äpfel	3 Äpfel	4 Äpfel
_4_ Stücke	___ Stücke	___ Stücke	___ Stücke

3

	a)	b)	c)
1 Flasche	2 Flaschen	3 Flaschen	4 Flaschen
_5_ Gläser	___ Gläser	___ Gläser	___ Gläser

4

	a)	b)	c)
1 Tüte	2 Tüten	3 Tüten	4 Tüten
_10_ Sticker	___ Sticker	___ Sticker	___ Sticker

1–4 Situationen beschreiben, Malaufgaben lösen.
→ Schulbuch, Seiten 66/67

Malaufgaben am Punktefeld

1 Malaufgaben mit dem Malwinkel. Zeige und schreibe.

a)

__1__ Vierer   ___ Vierer   ___ Vierer   ___ Vierer

__1 · 4 = 4__   _____   _____   _____

b)

  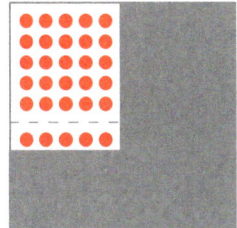 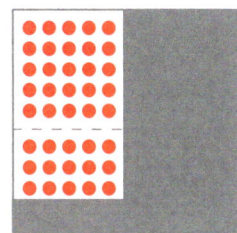

___ Fünfer   ___ Fünfer   ___ Fünfer   ___ Fünfer

_____   _____   _____   _____

c)

  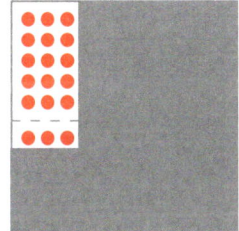 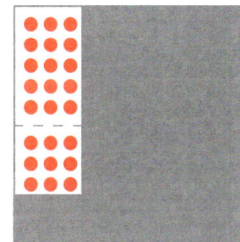

___ Dreier   ___ Dreier   ___ Dreier   ___ Dreier

_____   _____   _____   _____

d)

 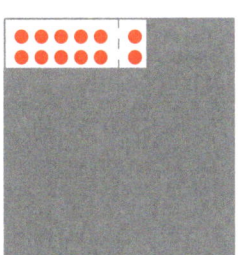  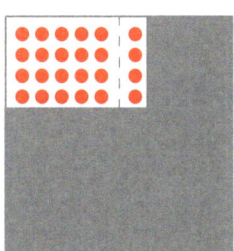

___ Sechser   ___ Sechser   ___ Sechser   ___ Sechser

_____   _____   _____   _____

1, 2 Malaufgaben mithilfe des Malwinkels am Hunderterfeld legen und den Winkel systematisch in eine Richtung verschieben, Veränderungen beschreiben und mit Blick auf die Malaufgabe deuten.

→ Schulbuch, Seiten 68/69

43

Tauschaufgaben und Quadrataufgaben

1 Rechne die Malaufgabe und die Tauschaufgabe.

a)
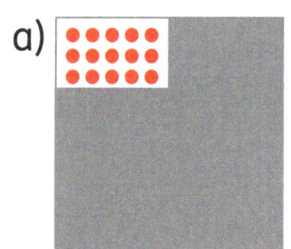 

$3 \cdot 5 =$ _____ \qquad $5 \cdot 3 =$ _____

b)
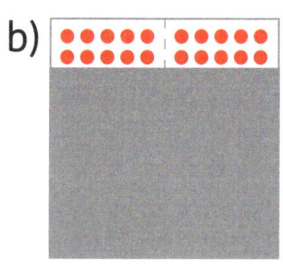 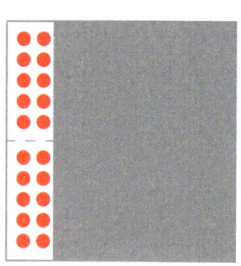

_____ \qquad _____

c)
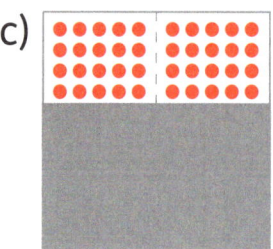 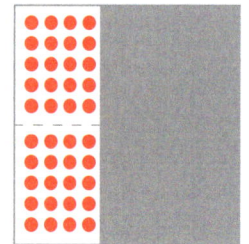

d)
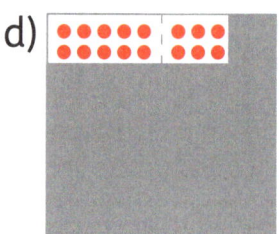 

_____ \quad _____ \qquad _____ \quad _____

2 Aufgabe und Tauschaufgabe  .

a) $2 \cdot 3 =$ ____
   $3 \cdot 2 =$ ____

b) $2 \cdot 4 =$ ____
   $4 \cdot 2 =$ ____

c) $2 \cdot 6 =$ ____
   $6 \cdot 2 =$ ____

d) $2 \cdot 9 =$ ____
   $9 \cdot 2 =$ ____

e) $2 \cdot 10 =$ ____
   $10 \cdot 2 =$ ____

f) $5 \cdot 10 =$ ____
   $10 \cdot 5 =$ ____

g) $8 \cdot 10 =$ ____
   $10 \cdot 8 =$ ____

h) $7 \cdot 10 =$ ____
   $10 \cdot 7 =$ ____

3 Quadrataufgaben  .

a)
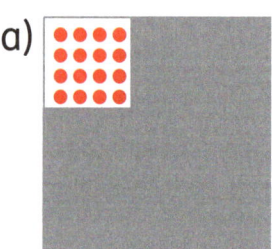

b)
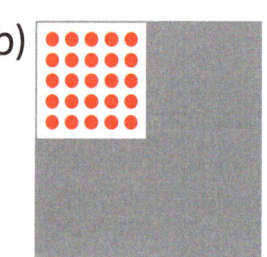

c)
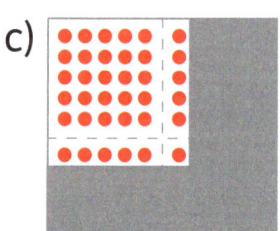

d)
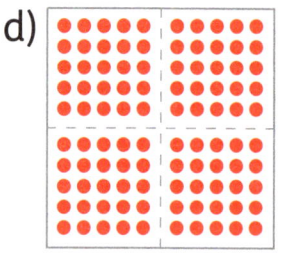

_____ \qquad _____ \qquad _____ \qquad _____

1 Aufgaben und Tauschaufgaben zu den Punktebildern finden. **2** Tauschaufgaben der einfachen Aufgaben ‚mit 10' und ‚mit 2' erkennen und nutzen. **3** Quadrataufgaben im Punktefeld erkennen und geschickt lösen.

→ Schulbuch, Seiten 70/71

Einfache Malaufgaben

1 Aufgaben  mit 2 . Schreibe und rechne.

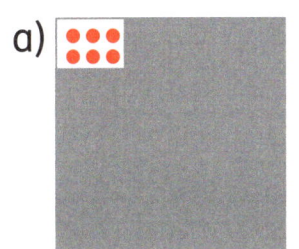 a)   b)  c)   d)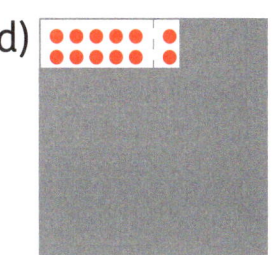

a) 2 · 3 = ____

2 Immer das Doppelte mit 2 .

a) 1 · 3 = ____   b) 1 · 4 = ____   c) 1 · 6 = ____   d) 1 · 8 = ___

    2 · 3 = ____   2 · 4 = ____   2 · 6 = ____   2 · 8 = ____

3 Einfache Aufgaben mit 10 . Schreibe und rechne.

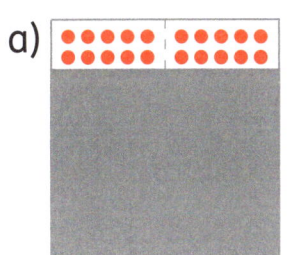 a)   b) 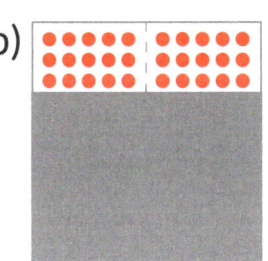 c) 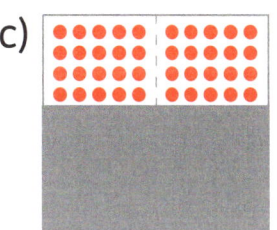 d)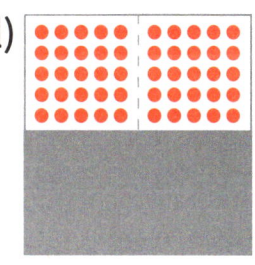

4 Einfache Aufgaben mit 1 mit 10 .

a) 2 · 1 = ____   b) 4 · 1 = ____   c) 6 · 1 = ____   d) 8 · 1 = ___

    2 · 10 = ____   4 · 10 = ____   6 · 10 = ____   8 · 10 = ____

e) 3 · 1 = ____   f) 5 · 1 = ____   g) 7 · 1 = ____   h) 9 · 1 = ____

    3 · 10 = ____   5 · 10 = ____   7 · 10 = ____   9 · 10 = ____

1, 2 Verdopplungsaufgaben rechnen und als Malaufgaben ‚mit 2' verstehen.   **3, 4** Malaufgaben ‚mit 10' rechnen und deren einfache Struktur verinnerlichen.

→ Schulbuch, Seiten 72/73

45

Kernaufgaben und Nachbaraufgaben

1 Aufgaben mit 5. Schreibe und rechne.

a)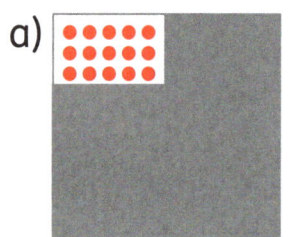

$3 \cdot 5 =$ ___

b) 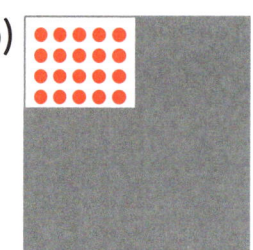 _____

c) 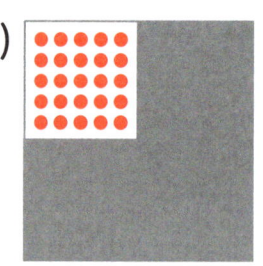 _____

d) 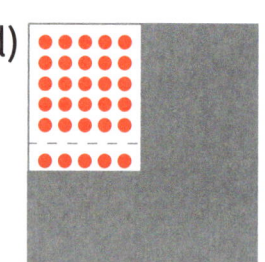 _____

2 Aufgaben mit 10 und mit 5. Immer die Hälfte.

a) $2 \cdot 10 =$ ___   b) $6 \cdot 10 =$ ___   c) $7 \cdot 10 =$ ___   d) $8 \cdot 10 =$ ___

  $2 \cdot 5 =$ ___ $6 \cdot 5 =$ ___ $7 \cdot 5 =$ ___ $8 \cdot 5 =$ ___

e) $10 \cdot 2 =$ ___   f) $10 \cdot 6 =$ ___   g) $10 \cdot 7 =$ ___   h) $10 \cdot 8 =$ ___

  $5 \cdot 2 =$ ___ $5 \cdot 6 =$ ___ $5 \cdot 7 =$ ___ $5 \cdot 8 =$ ___

3 Rechne Kernaufgaben.

a) $1 \cdot 2 =$ ___   b) $1 \cdot 4 =$ ___   c) $1 \cdot 6 =$ ___   d) $1 \cdot 8 =$ ___

  $2 \cdot 2 =$ ___ $2 \cdot 4 =$ ___ $2 \cdot 6 =$ ___ $2 \cdot 8 =$ ___

  $5 \cdot 2 =$ ___ $5 \cdot 4 =$ ___ $5 \cdot 6 =$ ___ $5 \cdot 8 =$ ___

  $10 \cdot 2 =$ ___ $10 \cdot 4 =$ ___ $10 \cdot 6 =$ ___ $10 \cdot 8 =$ ___

e) $1 \cdot 3 =$ ___   f) $1 \cdot 5 =$ ___   g) $1 \cdot 7 =$ ___   h) $1 \cdot 9 =$ ___

  $2 \cdot 3 =$ ___ $2 \cdot 5 =$ ___ $2 \cdot 7 =$ ___ $2 \cdot 9 =$ ___

  $5 \cdot 3 =$ ___ $5 \cdot 5 =$ ___ $5 \cdot 7 =$ ___ $5 \cdot 9 =$ ___

  $10 \cdot 3 =$ ___ $10 \cdot 5 =$ ___ $10 \cdot 7 =$ ___ $10 \cdot 9 =$ ___

1, 2 Malaufgaben ‚mit 5' rechnen und deren einfache Zahlbilder in Verbindung zu den Malaufgaben ‚mit 10' verinnerlichen.
3 Kernaufgaben rechnen und zunehmend sichern.

→ Schulbuch, Seiten 74/75

Kernaufgaben und Nachbaraufgaben

1 Nachbaraufgaben  mit 10 .

a)
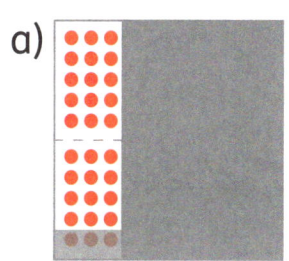

10 · 3 = ____

9 · 3 = ____

> Aus 10 mal 3 mache ich 9 mal 3. Einfach 1 Dreier weniger.

Paula

b)
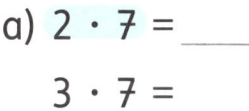

10 · 2 = ____

9 · 2 = ____

c)
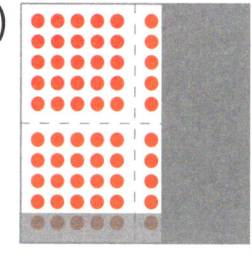

10 · 6 = ____

9 · 6 = ____

d)
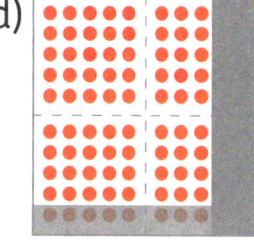

10 · 8 = ____

9 · 8 = ____

e)
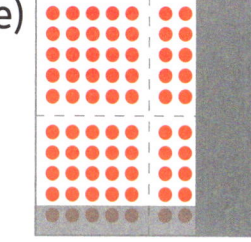

10 · 7 = ____

9 · 7 = ____

2 Nachbaraufgaben mit 2 .

a) 2 · 7 = ____

3 · 7 = ____

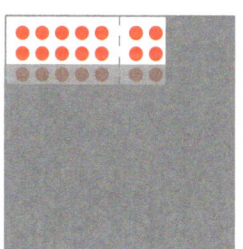

> Aus 2 mal 7 mache ich 3 mal 7. Einfach 1 Siebener mehr.

Noah

b)

2 · 4 = ____

3 · 4 = ____

c)
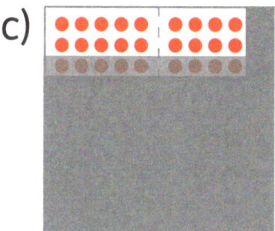

2 · 9 = ____

3 · 9 = ____

d)

2 · 6 = ____

3 · 6 = ____

e)
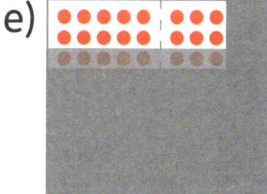

2 · 8 = ____

3 · 8 = ____

1, 2 Die einfachen Aufgaben ‚mit 10' und ‚mit 2' zum Lösen von Nachbaraufgaben nutzen.
→ Schulbuch, Seiten 74/75

Kernaufgaben und Nachbaraufgaben

1 Nachbaraufgaben ◆ mit 5 ◆.

a)

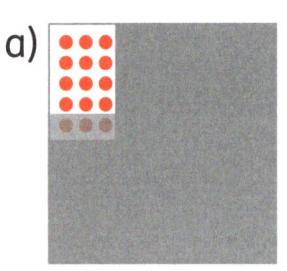

Aus 5 mal 3 mache ich 4 mal 3. Einfach 1 Dreier weniger.

Esra

5 · 3 = ____

4 · 3 = ____

b)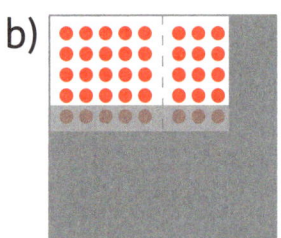

5 · 8 = ____

4 · 8 = ____

c)

5 · 7 = ____

4 · 7 = ____

d)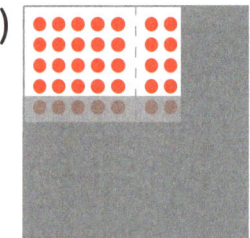

5 · 9 = ____

4 · 9 = ____

e)

5 · 6 = ____

4 · 6 = ____

2 Nachbaraufgaben ◆ mit 5 ◆.

a) 5 · 3 = ____

6 · 3 = ____

Aus 5 mal 3 mache ich 6 mal 3. Einfach 1 Dreier mehr.

Ben

b)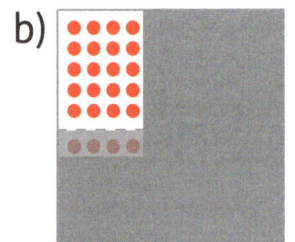

5 · 4 = ____

6 · 4 = ____

c)

5 · 9 = ____

6 · 9 = ____

d)

5 · 7 = ____

6 · 7 = ____

e)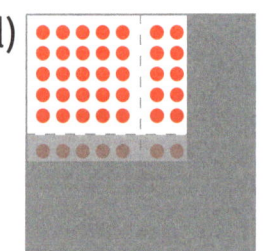

5 · 8 = ____

6 · 8 = ____

48

1, 2 Die einfachen Aufgaben ‚mit 5' zum Lösen von Nachbaraufgaben nutzen.
→ Schulbuch, Seiten 74/75

Schwierige Malaufgaben

1 Nachbaraufgaben .

a)
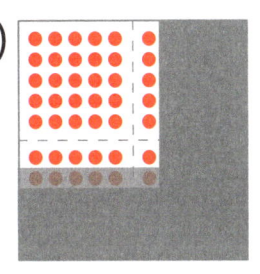

$6 \cdot 6 =$ ___

$7 \cdot 6 =$ ___

6 mal 6 sind 36.
7 mal 6 sind einfach
ein Sechser mehr.
Ich rechne $36 + 6 = 42$.

Ina

b)

$3 \cdot 3 =$ ___

$4 \cdot 3 =$ ___

c)

$5 \cdot 5 =$ ___

$6 \cdot 5 =$ ___

d)
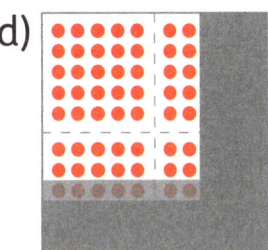

$7 \cdot 7 =$ ___

$8 \cdot 7 =$ ___

e)
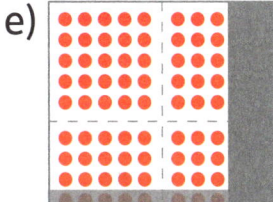

$8 \cdot 8 =$ ___

$9 \cdot 8 =$ ___

2 Beginne immer mit der Kernaufgabe.

a) $2 \cdot 8 =$ ___   b) $5 \cdot 4 =$ ___   c) $10 \cdot 8 =$ ___   d) $6 \cdot 6 =$ ___

$3 \cdot 8 =$ ___ $6 \cdot 4 =$ ___ $9 \cdot 8 =$ ___ $7 \cdot 6 =$ ___

$4 \cdot 8 =$ ___ $7 \cdot 4 =$ ___ $8 \cdot 8 =$ ___ $8 \cdot 6 =$ ___

3 Rechne geschickt. Achte auf 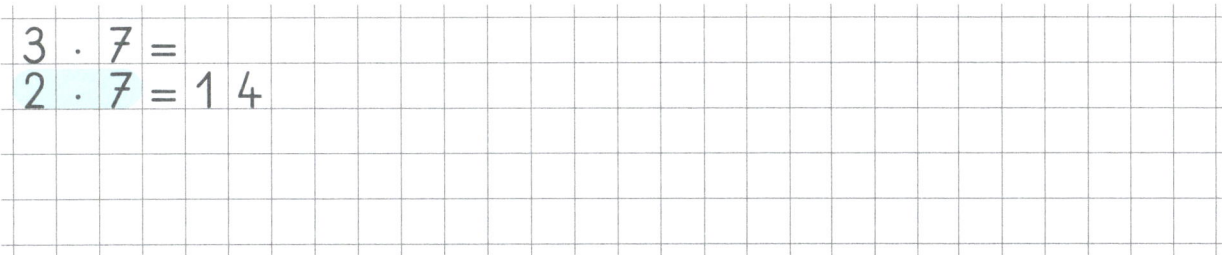.

$\cancel{3 \cdot 7}$ $6 \cdot 8$ $9 \cdot 4$ $4 \cdot 3$

$3 \cdot 7 =$
$2 \cdot 7 = 14$

1 Quadrataufgaben und Nachbaraufgaben lösen.   **2, 3** Kernaufgaben zum Ableiten nutzen, um schwierige Aufgaben zu lösen.

→ Schulbuch, Seiten 76/77

49

Die Einmaleins-Tafel

1 Rechne und vergleiche.

a)
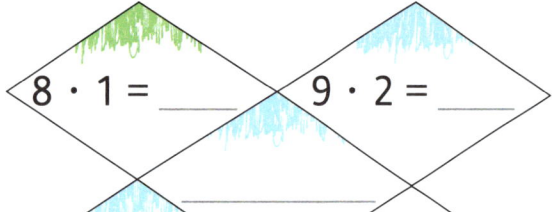

$8 \cdot 1 =$ _____ $9 \cdot 2 =$ _____

$7 \cdot 2 =$ _____ $8 \cdot 3 =$ _____

b)
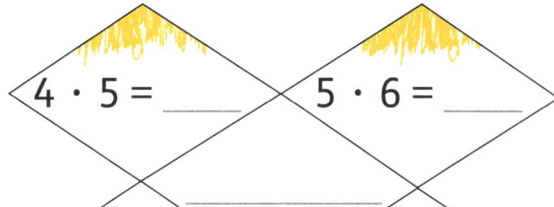

$4 \cdot 5 =$ _____ $5 \cdot 6 =$ _____

$3 \cdot 6 =$ _____ $4 \cdot 7 =$ _____

c)
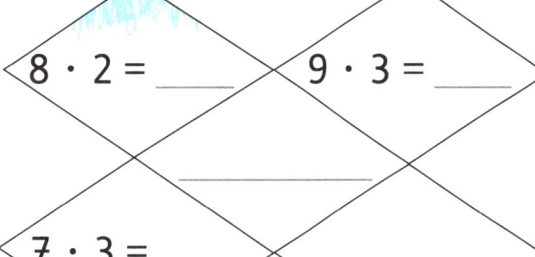

$8 \cdot 2 =$ _____ $9 \cdot 3 =$ _____

$7 \cdot 3 =$ _____

d)

$6 \cdot 7 =$ _____

$5 \cdot 8 =$ _____

2 Finde ebenso Ausschnitte aus der Einmaleins-Tafel.

Markiere die Kernaufgaben.

a)

b)

c)
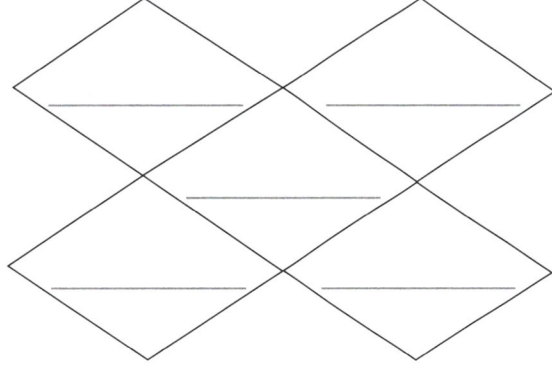

d)
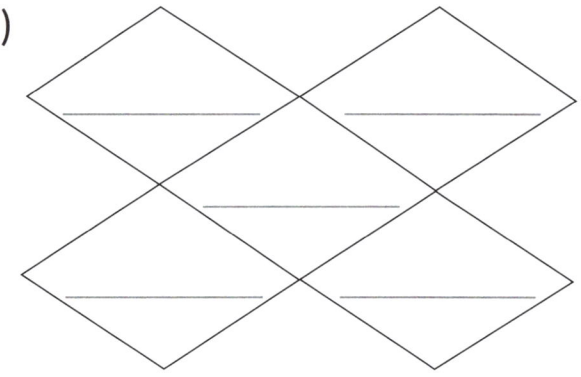

1, 2 Einmaleins-Tafel erkunden, die zentrale Rolle der Kernaufgaben erkennen: Jede Aufgabe hat mindestens eine Kernaufgabe als Nachbarn.

→ Schulbuch, Seite 78

○ **1** Rechne die Malaufgaben.

Addiere immer die Ergebnisse der roten und der blauen Aufgaben.

a)

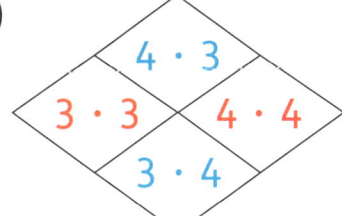

$12 + 12 =$ _____

$9 + 16 =$ _____

b)

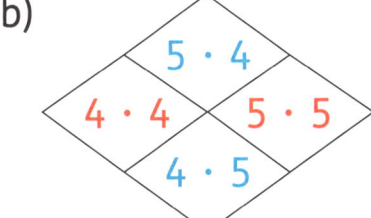 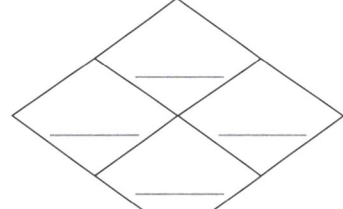

_____

_____

c)

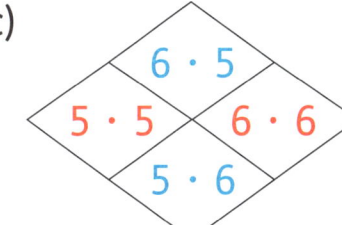 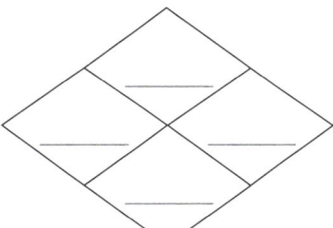

_____

_____

○ **2** Hat Lena Recht? Begründe am Beispiel.

Die blaue Summe muss immer um 1 kleiner sein als die rote Summe.

Lena

_____

_____

_____

_____

1 Summe der Ergebnisse von übereinander und nebeneinander stehenden Aufgaben vergleichen. Dabei die Besonderheit der Ausschnitte aus der Tafel beachten: Die roten Aufgaben sind immer Quadrataufgaben, die blauen Aufgaben sind jeweils Tauschaufgaben voneinander. **2** Lenas Behauptung am Beispiel begründen.

→ Schulbuch, Seite 79

51

1 Finde zu jedem Bild eine Plus- und eine Malaufgabe.

        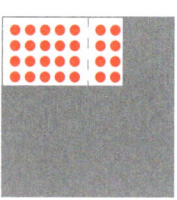

_____   _____   _____

_____   _____   _____

2 Tauschaufgaben.

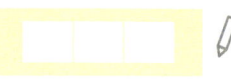

a) 2 · 4 = ____   b) 5 · 6 = ____   c) 10 · 3 = ____

   4 · 2 = ____   6 · 5 = ____   3 · 10 = ____

3 Ordne und rechne einfache Aufgaben.

5 · 6   2 · 3   6 · 6   9 · 10   4 · 2

mit 5   mit 10   mit 2   Quadrat

5 · 6 =

4 Rechne mit einer Nachbaraufgabe.

a) 5 · 3 = ____   b) 10 · 4 = ____   c) 2 · 6 = ____

   6 · 3 = ____   9 · 4 = ____   3 · 6 = ____

5 Wie viel Geld ist es?

   ____ €

Wesentliche Inhalte des Kapitels noch einmal reflektieren, die eigenen Kompetenzen einschätzen.

→ Schulbuch, Seiten 80/81

Formen legen

1 Lege mit allen Tangramformen nach. Zeichne ein.

a)
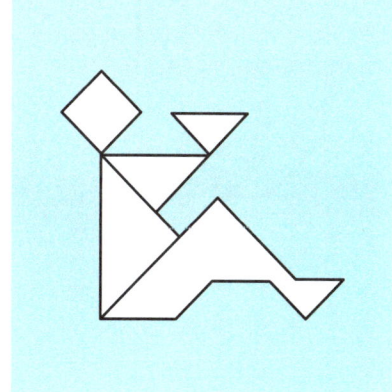

b)

c)

d)

2 Immer 4 Tangramformen. Zeichne ein.

a)

Du brauchst:

1 großes Dreieck
2 kleine Dreiecke
1 Quadrat

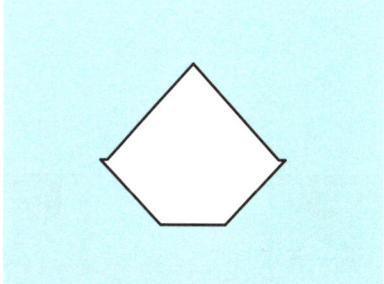

b)

Du brauchst:

1 mittleres Dreieck
2 kleine Dreiecke
1 Parallelogramm

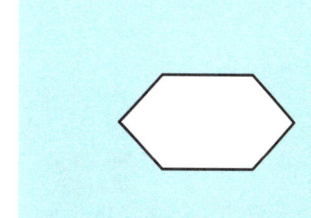

---

1 Tangramformen mit allen Tangramteilen auslegen. Dabei die angefangene Lösung nutzen und vervollständigen.
2 Formen aus genau vier Tangramteilen legen und Lösung einzeichnen.

→ Schulbuch, Seiten 82/83

Spiegeln

1 Zeichne das Spiegelbild.

a)
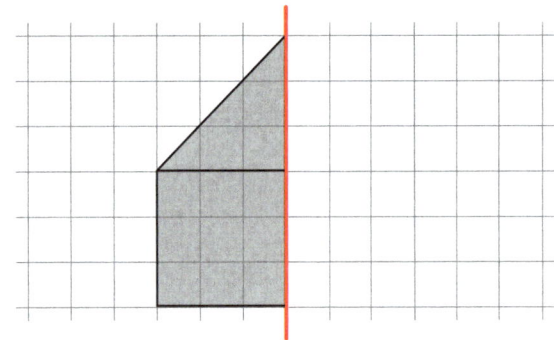

b)
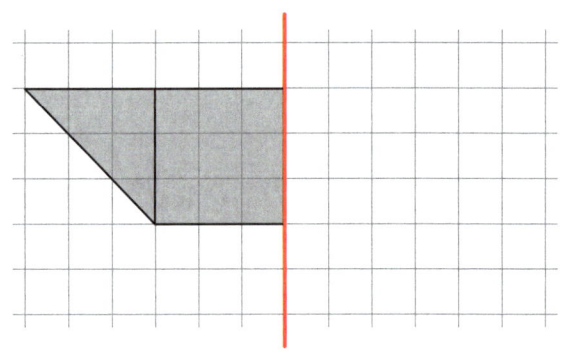

2 Zeichne das Spiegelbild.

a)
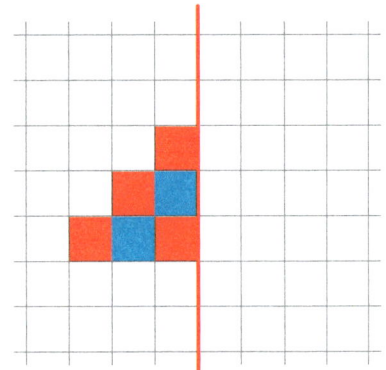

b)
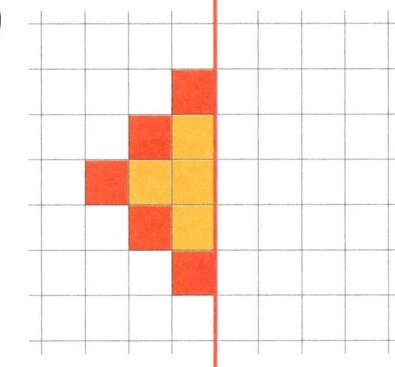

c)
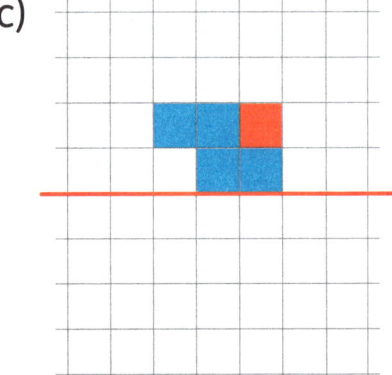

d)
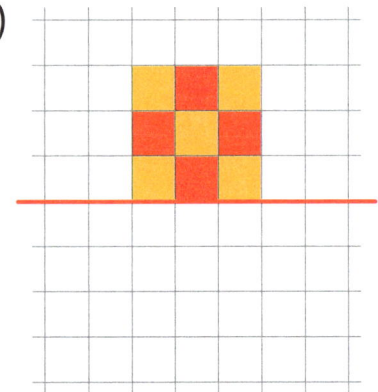

3 Immer 1 blaues Kästchen weniger. Spiegle und zeichne.

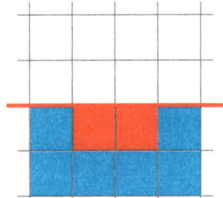
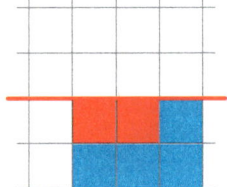
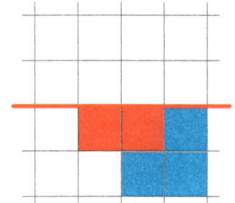

54

1, 2 Figuren spiegelbildlich ergänzen. **3** Figuren spiegelbildlich ergänzen. Dabei auf das Muster achten: Die dargestellte Form hat immer ein blaues Kästchen weniger als die vorherige, somit hat die achsensymmetrische Form immer zwei blaue Kästchen weniger als die vorherige.

→ Schulbuch, Seiten 84/85

Teilen in der Umwelt

1 Geteiltaufgaben. Kreise ein. Rechne.

a) 12 Brötchen.

Immer 2 Brötchen .

12 : 2 = ___

b) 16 Brötchen.

Immer 2 Brötchen .

16 : 2 = ___

c) 15 Zitronen.

Immer 3 Zitronen 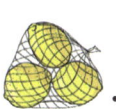.

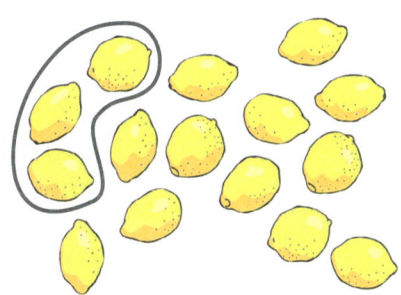

15 : 3 = ___

d) 18 Zitronen.

Immer 3 Zitronen .

18 : 3 = ___

e) 20 Birnen.

Immer 4 Birnen .

20 : 4 = ___

f) 16 Birnen.

Immer 4 Birnen .

16 : 4 = ___

Teilen in der Umwelt

○ **1** Finde die Geteiltaufgabe. Zeichne. Rechne.

a) 18 Äpfel.

Immer 3 Äpfel in ein Netz.

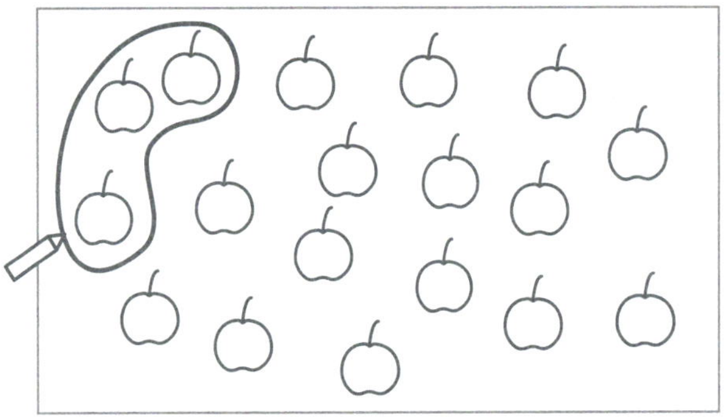

18 : 3 = _____

b) 9 Äpfel.

Immer 3 Äpfel in ein Netz.

_____

c) 20 Tomaten.

Immer 5 Tomaten.

_____

d) 15 Tomaten.

Immer 5 Tomaten.

_____

e) 8 Bälle.

Immer 4 Bälle.

_____

f) 8 Bälle.

Immer 2 Bälle.

_____

1 Aufteilsituationen als Geteiltaufgaben deuten und darstellen.
→ Schulbuch, Seiten 88/89

Umkehraufgaben

1 Rechne die Geteiltaufgabe und die Umkehraufgabe.

a) Wie viele **Fünfer**?

20 : 5 = _____

___ · 5 = _____

25 : 5 = _____

___ · 5 = _____

Ich denke an die Umkehraufgabe. 4 Fünfer sind 20. 25 sind ein Fünfer mehr.

Lilly

30 : 5 = _____

___ · 5 = _____

b) Wie viele **Zehner**?

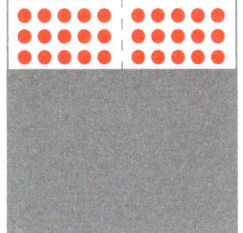

30 : 10 = _____

___ · 10 = _____

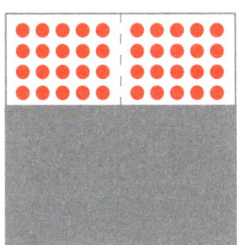

40 : 10 = _____

___ · 10 = _____

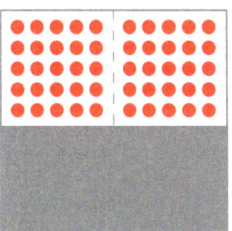

50 : 10 = _____

___ · 10 = _____

60 : 10 = _____

___ · 10 = _____

c) Wie viele **Sechser**?

12 : 6 = _____

___ · 6 = _____

18 : 6 = _____

___ · 6 = _____

24 : 6 = _____

___ · 6 = _____

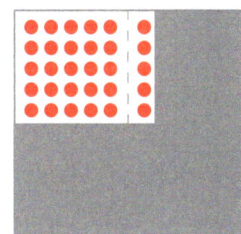

30 : 6 = _____

___ · 6 = _____

1 Beziehung zwischen Multiplikation und Division herausstellen. Aufgabe und Umkehraufgabe finden. Struktur der Umkehraufgaben zum einfachen Ausrechnen nutzen.

→ Schulbuch, Seiten 90/91

Zweier-, Fünfer- und Zehnerreihe

1 Die Fünferreihe. Zeige und rechne die Mal- und Geteiltaufgaben.

$1 \cdot 5 = \underline{5}$ $2 \cdot 5 = \underline{}$ $5 \cdot 5 = \underline{}$ $10 \cdot 5 = \underline{}$

$5 : 5 = \underline{}$ $10 : 5 = \underline{}$ $25 : 5 = \underline{}$ $50 : 5 = \underline{}$

$3 \cdot 5 = \underline{}$ $4 \cdot 5 = \underline{}$ $6 \cdot 5 = \underline{}$ $8 \cdot 5 = \underline{}$

$15 : 5 = \underline{}$ $20 : 5 = \underline{}$ $30 : 5 = \underline{}$ $40 : 5 = \underline{}$

Das ist 1 Fünfer.
Die 5 passt also einmal
in die 5. Also $5 : 5 = 1$

Anna

2 Die Zweierreihe. Zeige und rechne die Mal- und Geteiltaufgaben.

$1 \cdot 2 = \underline{2}$

$2 : 2 = \underline{}$

$2 \cdot 2 = \underline{}$ $5 \cdot 2 = \underline{}$ $10 \cdot 2 = \underline{}$ $3 \cdot 2 = \underline{}$

$4 : 2 = \underline{}$ $10 : 2 = \underline{}$ $20 : 2 = \underline{}$ $6 : 2 = \underline{}$

$4 \cdot 2 = \underline{}$ $6 \cdot 2 = \underline{}$ $8 \cdot 2 = \underline{}$ $9 \cdot 2 = \underline{}$

$8 : 2 = \underline{}$ $12 : 2 = \underline{}$ $16 : 2 = \underline{}$ $18 : 2 = \underline{}$

3 $1 \cdot 10 = \underline{}$ $2 \cdot 10 = \underline{}$ $5 \cdot 10 = \underline{}$ $10 \cdot 10 = \underline{}$

$10 : 10 = \underline{}$ $20 : 10 = \underline{}$ $50 : 10 = \underline{}$ $100 : 10 = \underline{}$

 1–3 Die Multiplikation der Zehner-, Fünfer- und Zweierreihe an den Malreihen zeigen. Mal- und Geteiltaufgaben stets miteinander verknüpfen.
→ Schulbuch, Seiten 92/93

4

1 · 10 = ___	1 · 5 = ___	10 · 2 = ___	2 · 2 = ___
2 · 10 = ___	10 · 5 = ___	5 · 2 = ___	5 · 5 = ___
5 · 10 = ___	2 · 5 = ___	1 · 2 = ___	10 · 10 = ___
3 · 10 = ___	3 · 5 = ___	3 · 2 = ___	7 · 2 = ___
6 · 10 = ___	6 · 5 = ___	6 · 2 = ___	7 · 5 = ___
9 · 10 = ___	9 · 5 = ___	9 · 2 = ___	7 · 10 = ___
4 · 10 = ___	4 · 5 = ___	4 · 2 = ___	0 · 2 = ___
8 · 10 = ___	8 · 5 = ___	8 · 2 = ___	0 · 5 = ___

 5

10 : 2 = ___	20 : 10 = ___	25 : 5 = ___
10 : 5 = ___	20 : 5 = ___	50 : 5 = ___
10 : 10 = ___	20 : 2 = ___	50 : 10 = ___

6 a) Wie viel Cent?

_____   _____   _____

b) Wie viel Euro?

_____   _____   _____

60   70   80   90   100

10 · 10

4, 5 Ergebnisse der Kernaufgaben zunehmend sichern.   **6** Erkennen und Berechnen von Malaufgaben im Sachkontext Geld.

→ Schulbuch, Seiten 92/93

59

Dreier- und Sechserreihe

1 Die Dreierreihe. Zeige und rechne mit den Kernaufgaben.

$3 \cdot 3 = \underline{9}$

$4 \cdot 3 = \underline{}$

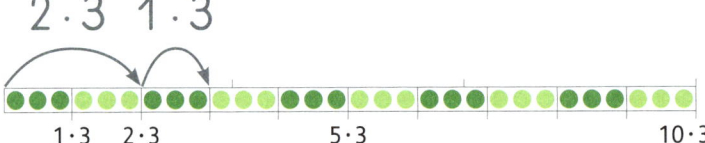

$5 \cdot 3 = \underline{}$ $5 \cdot 3 = \underline{}$ $10 \cdot 3 = \underline{}$

$6 \cdot 3 = \underline{}$ $4 \cdot 3 = \underline{}$ $9 \cdot 3 = \underline{}$

2 Wie viele Dreier? Zeichne und rechne mit den Kernaufgaben.

$6 : 3 = \underline{2}$

$9 : 3 = \underline{}$

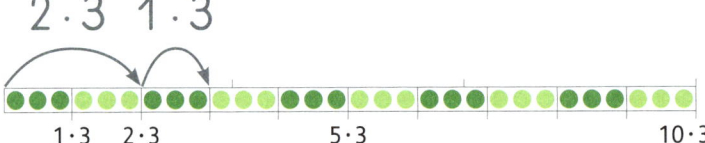

$15 : 3 = \underline{}$

$18 : 3 = \underline{}$

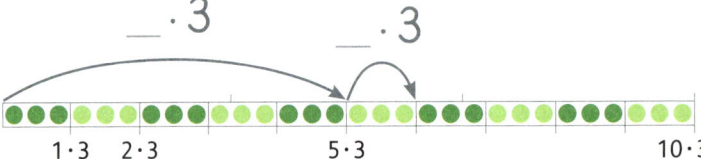

$30 : 3 = \underline{}$

$27 : 3 = \underline{}$

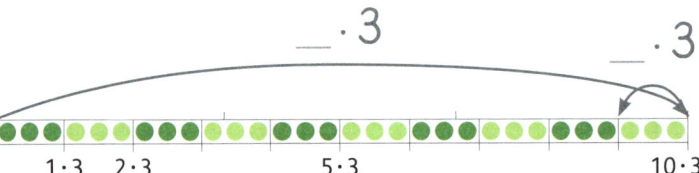

3 Die Sechserreihe. Zeige und rechne mit den Kernaufgaben.

$2 \cdot 6 = \underline{12}$ $5 \cdot 6 = \underline{}$ $10 \cdot 6 = \underline{}$

$4 \cdot 6 = \underline{}$ $4 \cdot 6 = \underline{}$ $9 \cdot 6 = \underline{}$

$2 \cdot 6 = \underline{}$ $5 \cdot 6 = \underline{}$ $6 \cdot 6 = \underline{}$

$3 \cdot 6 = \underline{}$ $6 \cdot 6 = \underline{}$ $7 \cdot 6 = \underline{}$

  1–3 Die Multiplikation der Dreier- und Sechserreihe mithilfe der Kernaufgaben an den Malreihen zeigen und rechnen. Mal- und Geteiltaufgaben miteinander verknüpfen.

→ Schulbuch, Seiten 94/95

4

1 · 3 = ___	3 · 3 = ___	1 · 6 = ___	6 · 6 = ___
2 · 3 = ___	10 · 3 = ___	2 · 6 = ___	10 · 6 = ___
5 · 3 = ___	0 · 3 = ___	5 · 6 = ___	0 · 6 = ___

0 · 3 = ___	6 · 3 = ___	0 · 6 = ___	7 · 6 = ___
4 · 3 = ___	7 · 3 = ___	3 · 6 = ___	8 · 6 = ___
8 · 3 = ___	9 · 3 = ___	4 · 6 = ___	9 · 6 = ___

5

3 : 3 = ___	30 : 3 = ___	6 : 6 = ___
6 : 3 = ___	30 : 6 = ___	12 : 6 = ___
15 : 3 = ___	60 : 6 = ___	36 : 6 = ___

6 Zeige an der Dreierreihe und zeige an der Sechserreihe.

4 · 3 = ___	6 · 3 = ___	9 · 3 = ___
12 : 3 = ___	18 : 3 = ___	27 : 3 = ___

4 · 6 = ___	3 · 6 = ___	9 · 6 = ___
24 : 6 = ___	18 : 6 = ___	54 : 6 = ___

7 Wie viele Würfelaugen sind zu sehen? Rechne.

a)    b)    c)    d)

_____   _____   _____   _____

60
●●●●
10·6

4, 5 Ergebnisse von Malaufgaben rechnen und/oder unter Nutzung der Aufgaben mal 3 und mal 6 geschickt ablesen.
6 Divisionsaufgaben mit 3 und 6 mithilfe der Kernaufgaben lösen.   **7** Erkennen und Berechnen von Malaufgaben (mal 3 und mal 6) im Sachkontext.

→ Schulbuch, Seiten 94/95

61

Vierer- und Achterreihe

1 Die Viererreihe. Zeige und rechne mit den Kernaufgaben.

3 mal 4?
Ich rechne 2 · 4 = 8.
Dann noch ein Vierer mehr.

Finn

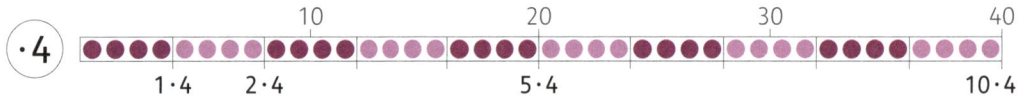

·4

| 2 · 4 = __8__ | 5 · 4 = ____ | 5 · 4 = ____ | 10 · 4 = ____ |
| 3 · 4 = ____ | 6 · 4 = ____ | 4 · 4 = ____ | 9 · 4 = ____ |

| 2 · 4 = ____ | 5 · 4 = ____ | 5 · 4 = ____ | 10 · 4 = ____ |
| 4 · 4 = ____ | 7 · 4 = ____ | 8 · 4 = ____ | 8 · 4 = ____ |

2 Wie viele Vierer? Zeichne und rechne mit den Kernaufgaben.

8 : 4 = __2__
12 : 4 = ____

20 : 4 = ____
24 : 4 = ____

40 : 4 = ____
36 : 4 = ____

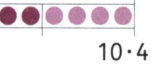

3 Die Achterreihe. Zeige und rechne mit den Kernaufgaben.

| 2 · 8 = __16__ | 5 · 8 = ____ | 5 · 8 = ____ | 10 · 8 = ____ |
| 3 · 8 = ____ | 6 · 8 = ____ | 4 · 8 = ____ | 9 · 8 = ____ |

·8

1–3 Aufgaben der Vierer- und Achterreihe mithilfe der Kernaufgaben an den Malreihen zeigen und lösen. Mal- und Geteiltaufgaben miteinander verknüpfen.
→ Schulbuch, Seiten 96/97

4

$1 \cdot 4 =$ ____ $4 \cdot 4 =$ ____ $1 \cdot 8 =$ ____ $10 \cdot 8 =$ ____

$2 \cdot 4 =$ ____ $10 \cdot 4 =$ ____ $2 \cdot 8 =$ ____ $8 \cdot 8 =$ ____

$5 \cdot 4 =$ ____ $0 \cdot 4 =$ ____ $5 \cdot 8 =$ ____ $0 \cdot 8 =$ ____

$0 \cdot 4 =$ ____ $7 \cdot 4 =$ ____ $0 \cdot 8 =$ ____ $6 \cdot 8 =$ ____

$3 \cdot 4 =$ ____ $8 \cdot 4 =$ ____ $3 \cdot 8 =$ ____ $9 \cdot 8 =$ ____

$6 \cdot 4 =$ ____ $9 \cdot 4 =$ ____ $4 \cdot 8 =$ ____ $7 \cdot 8 =$ ____

5

$4 : 4 =$ ____ $40 : 4 =$ ____ $8 : 8 =$ ____

$8 : 4 =$ ____ $40 : 8 =$ ____ $16 : 8 =$ ____

$20 : 4 =$ ____ $80 : 8 =$ ____ $64 : 8 =$ ____

6 Zeige an der Viererreihe und zeige an der Achterreihe.

$3 \cdot 4 =$ ____ $6 \cdot 4 =$ ____ $9 \cdot 4 =$ ____

$12 : 4 =$ ____ $24 : 4 =$ ____ $36 : 4 =$ ____

$3 \cdot 8 =$ ____ $6 \cdot 8 =$ ____ $9 \cdot 8 =$ ____

$24 : 8 =$ ____ $48 : 8 =$ ____ $72 : 8 =$ ____

7 Wie viele Beine sind es? Rechne.

a)

b)

c)

_____   _____   _____

60   70   80

$10 \cdot 8$

4, 5 Ergebnisse von Malaufgaben rechnen und/oder unter Nutzung der Aufgaben mal 4 und mal 8 geschickt ablesen.
6 Divisionsaufgaben mit 4 und 8 mithilfe der Kernaufgaben lösen.   **7** Erkennen und Berechnen von Malaufgaben (mal 4 und mal 8) im Sachkontext.

→ Schulbuch, Seiten 96/97

63

Siebener- und Neunerreihe

1 Die Siebenerreihe. Zeige und rechne mit den Kernaufgaben.

2 · 7 = 14	**5 · 7** = ___	**5 · 7** = ___	**10 · 7** = ___
3 · 7 = ___	6 · 7 = ___	4 · 7 = ___	9 · 7 = ___
2 · 7 = ___	**5 · 7** = ___	**5 · 7** = ___	**10 · 7** = ___
4 · 7 = ___	7 · 7 = ___	8 · 7 = ___	8 · 7 = ___

2 Wie viele Siebener? Zeige und rechne mit den Kernaufgaben.

14 : 7 = ___	**35 : 7** = ___	**35 : 7** = ___	**70 : 7** = ___
21 : 7 = ___	42 : 7 = ___	28 : 7 = ___	63 : 7 = ___
14 : 7 = ___	**35 : 7** = ___	**35 : 7** = ___	**70 : 7** = ___
28 : 7 = ___	49 : 7 = ___	56 : 7 = ___	56 : 7 = ___

3 Die Neunerreihe. Zeige und rechne mit den Kernaufgaben.

2 · 9 = ___	**5 · 9** = ___	**5 · 9** = ___	**10 · 9** = ___
3 · 9 = ___	6 · 9 = ___	4 · 9 = ___	9 · 9 = ___
2 · 9 = ___	**5 · 9** = ___	**5 · 9** = ___	**10 · 9** = ___
4 · 9 = ___	7 · 9 = ___	8 · 9 = ___	8 · 9 = ___

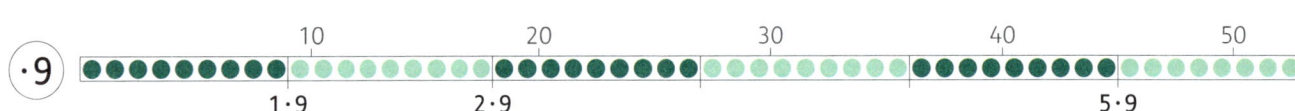

1–3 Aufgaben der Siebener- und Neunerreihe mithilfe der Kernaufgaben an den Malreihen zeigen und lösen. Mal- und Geteilt-aufgaben miteinander verknüpfen.
→ Schulbuch, Seiten 98/99

4

1 · 7 = ____	10 · 7 = ____	1 · 9 = ____	9 · 9 = ____
2 · 7 = ____	0 · 7 = ____	2 · 9 = ____	10 · 9 = ____
5 · 7 = ____	7 · 7 = ____	5 · 9 = ____	0 · 9 = ____

0 · 7 = ____	6 · 7 = ____	0 · 9 = ____	6 · 9 = ____
3 · 7 = ____	9 · 7 = ____	3 · 9 = ____	7 · 9 = ____
4 · 7 = ____	8 · 7 = ____	4 · 9 = ____	8 · 9 = ____

5

7 : 7 = ____	70 : 7 = ____	9 : 9 = ____
14 : 7 = ____	90 : 9 = ____	18 : 9 = ____
35 : 7 = ____	45 : 9 = ____	81 : 9 = ____

6 Zeige an der Siebenereihe und zeige an der Neunerreihe.

3 · 7 = ____	6 · 7 = ____	9 · 7 = ____
21 : 7 = ____	42 : 7 = ____	63 : 7 = ____

4 · 7 = ____	8 · 7 = ____	4 · 9 = ____
28 : 7 = ____	56 : 7 = ____	36 : 9 = ____

3 · 9 = ____	6 · 9 = ____	9 · 9 = ____
27 : 9 = ____	54 : 9 = ____	81 : 9 = ____

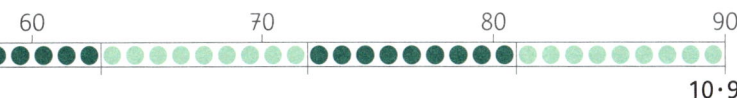

60   70
10 · 7

60   70   80   90
10 · 9

4, 5 Ergebnisse von Malaufgaben rechnen und/oder unter Nutzung der Aufgaben mal 7 und mal 9 geschickt ablesen.
6 Divisionsaufgaben mit 7 und 9 mithilfe der Kernaufgaben lösen.

→ Schulbuch, Seiten 98/99

65

Gemischte Übungen

1   Wie viele Netze? Wie viele Zitronen?

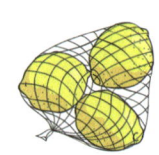   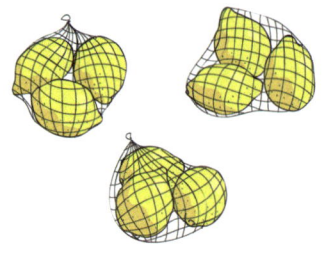   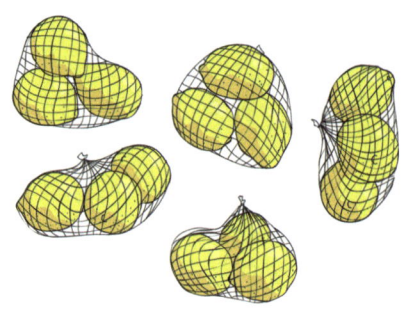

____ Netz	____ Netze	____ Netze
____ Zitronen	____ Zitronen	____ Zitronen

2   Wie viele Kartons? Wie viele Eier?

____ Karton	____ Kartons	____ Kartons
____ Eier	____ Eier	____ Eier

3   Wie viele Autos? Wie viele Räder?

____ Auto	____ Autos	____ Autos
____ Räder	____ Räder	____ Räder

1–3 Erkennen und Berechnen von Malaufgaben im Sachkontext.
→ Schulbuch, Seite 100

1 a)

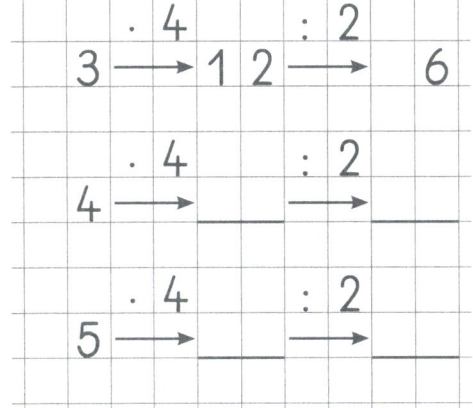

$$3 \xrightarrow{\cdot 4} 12 \xrightarrow{:2} 6$$

$$4 \xrightarrow{\cdot 4} \quad \xrightarrow{:2}$$

$$5 \xrightarrow{\cdot 4} \quad \xrightarrow{:2}$$

$$6 \xrightarrow{\cdot 4} \quad \xrightarrow{:2}$$

$$4 \xrightarrow{\cdot 4} \quad \xrightarrow{:2}$$

$$2 \xrightarrow{\cdot 4} \quad \xrightarrow{:2}$$

b)

$$3 \xrightarrow{\cdot 6} \quad \xrightarrow{:3}$$

$$4 \xrightarrow{\cdot 6} \quad \xrightarrow{:3}$$

$$5 \xrightarrow{\cdot 6} \quad \xrightarrow{:3}$$

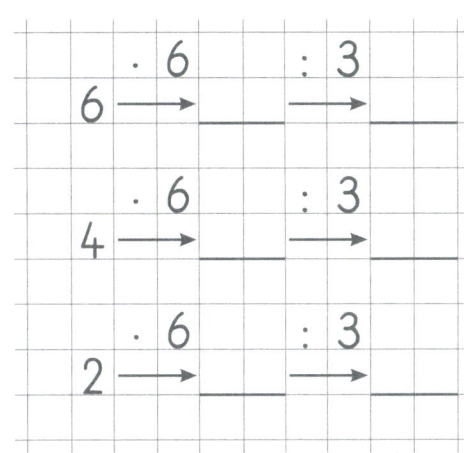

$$6 \xrightarrow{\cdot 6} \quad \xrightarrow{:3}$$

$$4 \xrightarrow{\cdot 6} \quad \xrightarrow{:3}$$

$$2 \xrightarrow{\cdot 6} \quad \xrightarrow{:3}$$

c)

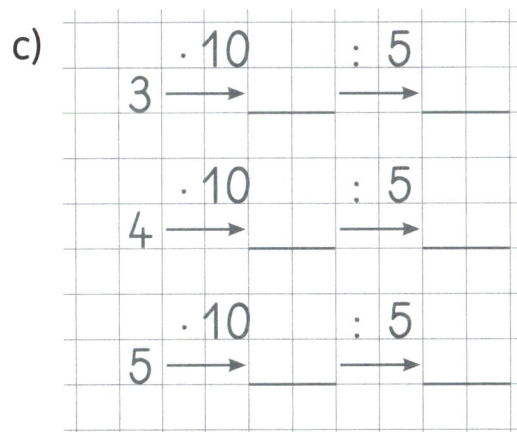

$$3 \xrightarrow{\cdot 10} \quad \xrightarrow{:5}$$

$$4 \xrightarrow{\cdot 10} \quad \xrightarrow{:5}$$

$$5 \xrightarrow{\cdot 10} \quad \xrightarrow{:5}$$

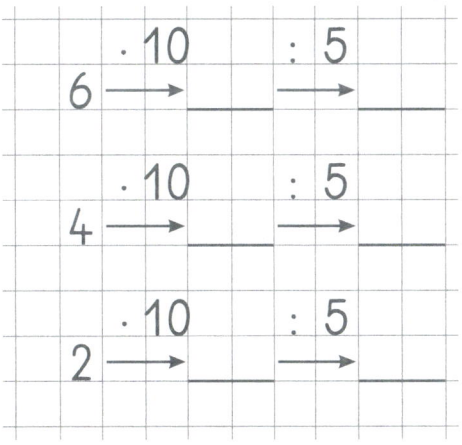

$$6 \xrightarrow{\cdot 10} \quad \xrightarrow{:5}$$

$$4 \xrightarrow{\cdot 10} \quad \xrightarrow{:5}$$

$$2 \xrightarrow{\cdot 10} \quad \xrightarrow{:5}$$

d) Was fällt dir auf? Markiere und erkläre.

_____

_____

_____

○ **1** Finde Aufgaben zu den Bildern.

_____   _____

○ **2** Rechne die Malaufgabe und die Umkehraufgabe.

3 · 4 = ____   4 · 6 = ____   2 · 7 = ____

12 : 4 = ____   24 : 6 = ____   14 : 7 = ____

○ **3** Rechne mit Kernaufgaben.

2 · 6 = ____   **5 · 8 =** ____   **10 · 7 =** ____   **5 · 9 =** ____

3 · 6 = ____   4 · 8 = ____   9 · 7 = ____   4 · 9 = ____

10 · 3 = ____   **10 · 9 =** ____   **10 · 4 =** ____

8 · 3 = ____   8 · 9 = ____   8 · 4 = ____

○ **4** Spiegle und zeichne.

a) 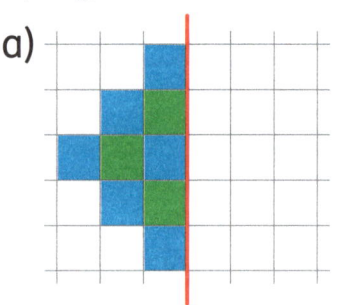   b) 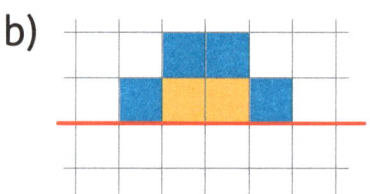   c)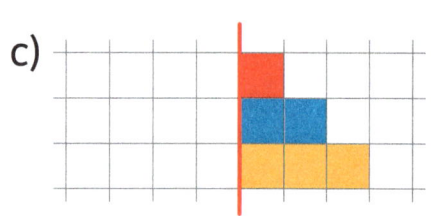

Wesentliche Inhalte des Kapitels noch einmal reflektieren, die eigenen Kompetenzen einschätzen.
→ Schulbuch, Seiten 102/103

Skizzen zeichnen

1 Wie lang ist der Zaun? Löse mit einer Skizze.

a)

Der Zaun ist _____ m lang.

b)

Der Zaun ist _____ m lang.

2 Wie viele Bäume können gepflanzt werden?

a) Es werden Tannen in einem Abstand von 5 m gepflanzt.

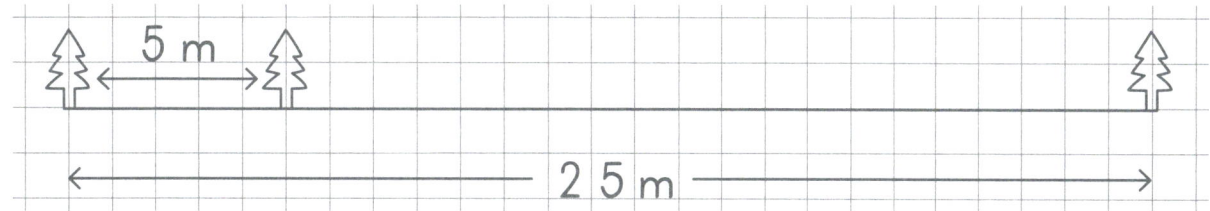

b) Es werden Buchen im Abstand von 3 m gepflanzt.

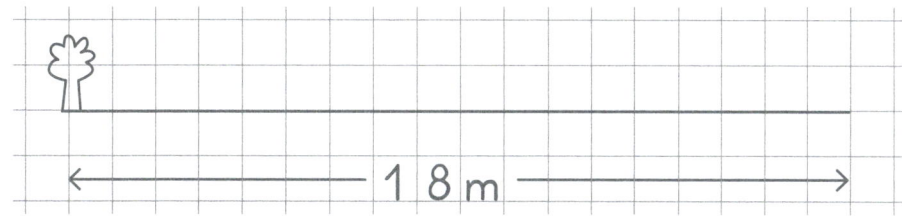

Sachrechnen

1 Wie viel kostet es?

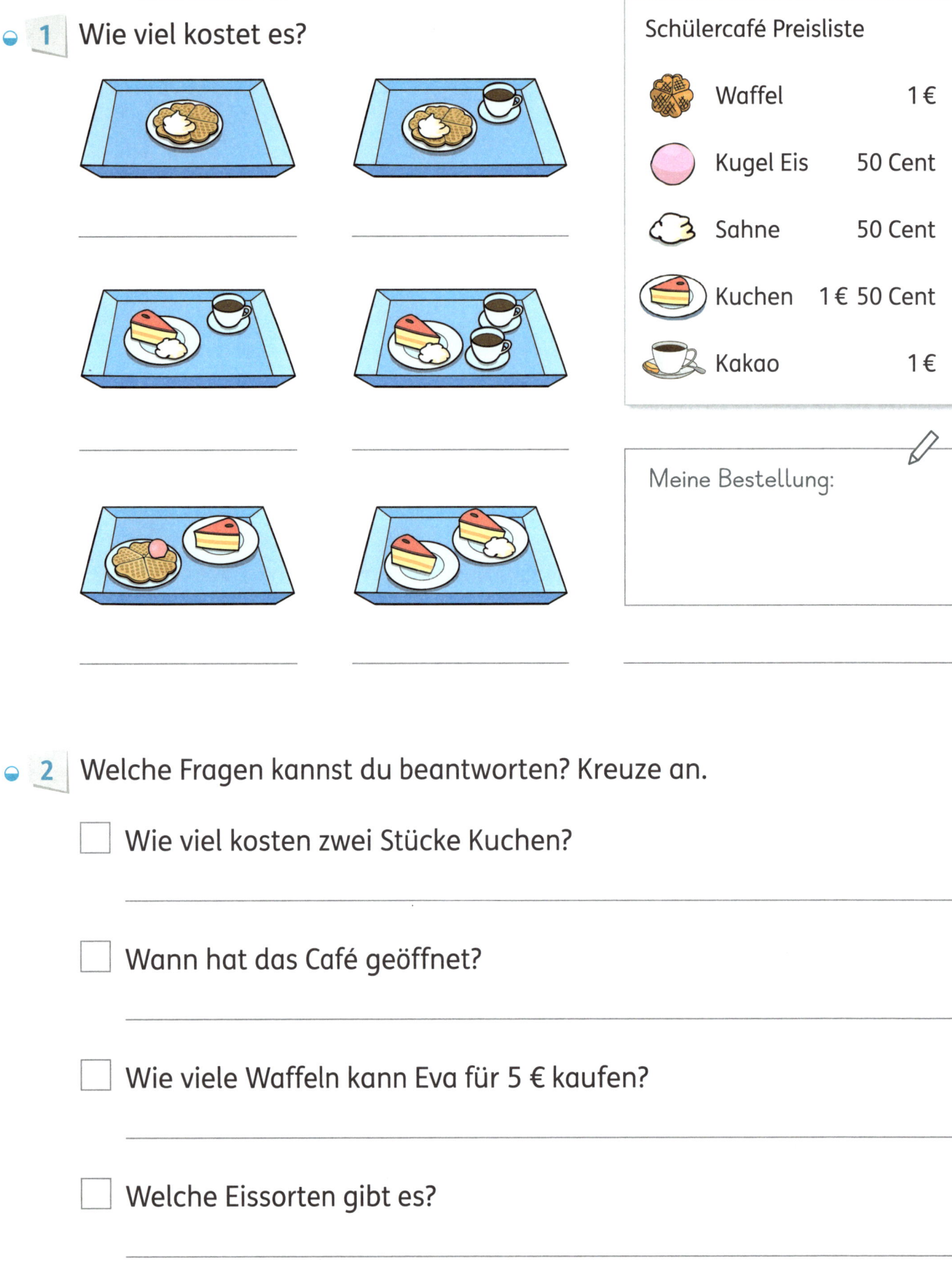

Schülercafé Preisliste

	Waffel	1 €
	Kugel Eis	50 Cent
	Sahne	50 Cent
	Kuchen	1 € 50 Cent
	Kakao	1 €

Meine Bestellung:

2 Welche Fragen kannst du beantworten? Kreuze an.

☐ Wie viel kosten zwei Stücke Kuchen?

_____

☐ Wann hat das Café geöffnet?

_____

☐ Wie viele Waffeln kann Eva für 5 € kaufen?

_____

☐ Welche Eissorten gibt es?

_____

1 Preise ggf. mit Rechengeld bestimmen. **2** Überlegen, welche Fragen beantwortet werden können. Antworten aufschreiben.
→ Schulbuch, Seiten 106/107

Sachaufgaben zum Verteilen

1 a)

Verteile 12 Luftballons an 4 Kinder.

12 : 4 = ____

Jedes Kind erhält ____ Luftballons.

b)

Verteile 12 Luftballons an 3 Kinder.

12 : 3 = ____

Jedes Kind erhält ____ Luftballons.

c)

Verteile 12 Luftballons an 2 Kinder.

12 : 2 = ____

Jedes Kind erhält ____ Luftballons.

2 Verteile 18 Luftballons ...

a) ... an 2 Kinder.

18 : 2 = ____

b) ... an 3 Kinder.

18 : 3 = ____

c) ... an 6 Kinder.

18 : 6 = ____

3 Rechne.

20 : 5 = ____	15 : 5 = ____	6 : 2 = ____	8 : 2 = ____	18 : 6 = ____
40 : 5 = ____	30 : 5 = ____	6 : 3 = ____	8 : 4 = ____	18 : 3 = ____
10 : 5 = ____	50 : 5 = ____	6 : 6 = ____	8 : 8 = ____	18 : 2 = ____
5 : 5 = ____	25 : 5 = ____	6 : 1 = ____	8 : 1 = ____	18 : 9 = ____

Legen und Überlegen

1 Zeichne oder rechne.

Auf dem Bauernhof leben
2 Pferde, 2 Katzen und 2 Enten.
Wie viele Beine sind es?

2 Der Bauer zählt im Stall 12 Beine.

Wie viele Pferde und wie viele Enten können es sein?

Welche Lösung ist richtig?

Esra

Es können 2 Pferde und
2 Enten sein.

Max

Es können 3 Pferde und
1 Ente sein.

Die Lösung von _____ ist richtig.

3 In einem Schwimmbad sind 10 Personen.

Es sind 2 Kinder **mehr als** Erwachsene.

Wer hat Recht?

Es sind 6 Kinder
und 4 Erwachsene.

Es sind 4 Kinder
und 6 Erwachsene.

Marta

Murat

_____ hat Recht.

1 Tierbilder als Lösungshilfen nutzen.   2 Skizzen der Kinder nachvollziehen und erkennen, welcher Lösungsweg richtig ist.
3 Aussagen der Kinder mit Bezug zur Skizze nachvollziehen.
→ Schulbuch, Seiten 110/111

1

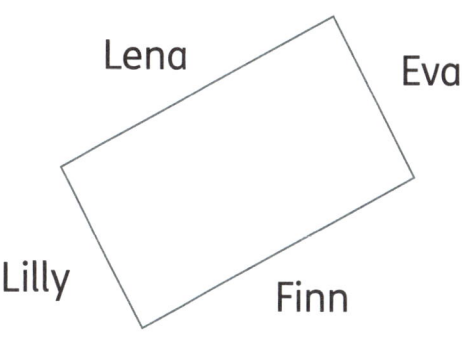

a) Ich bin Finn.

Rechts von mir sitzt _____.

Links von mir sitzt _____.

Mir gegenüber sitzt _____.

b) Ich bin Eva.

Rechts von mir sitzt _____.

Links von mir sitzt _____.

Mir gegenüber sitzt _____.

2 Welche Ansicht gehört zu welchem Kind? Verbinde.

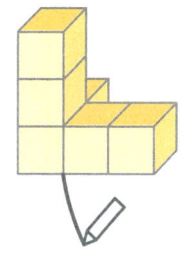

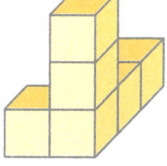

1 Aufgaben in Bezug auf die dargestellte Situation lösen. **2** Würfelgebäude den Ansichten der vier Kinder zuordnen.
Dabei z. B. auf die Position des Dreierturms im Würfelgebäude achten. Bei Problemen das Würfelgebäude auf einer Unterlage
nachbauen und passend drehen.

→ Schulbuch, Seiten 112/113

73

1 Mila  geht zum Schwimmbad. Beschreibe den Weg mit Pfeilen.

a) Sie geht zuerst zwei Wegstücke in Richtung Sportplatz. Dann biegt sie links ab.

1 Wegstück

b) Sie geht zuerst zum Taxistand. Dann biegt sie rechts ab.

2 Mila geht zur Polizei. Zeichne die Wege ein.

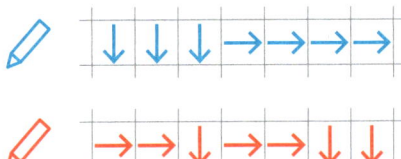

Wie kann Mila noch gehen?

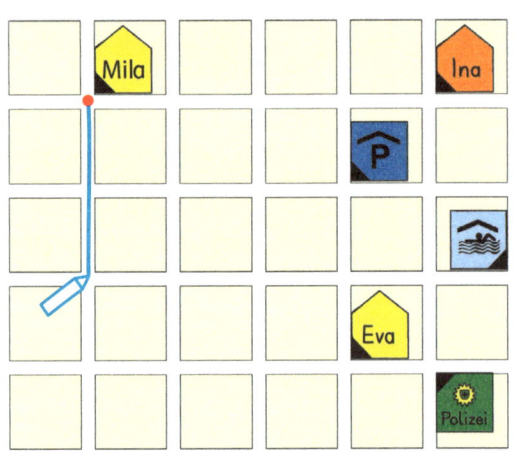

3 Ina geht zu Eva. Wie kann sie gehen? Beschreibe mit Pfeilen. Zeichne im Plan.

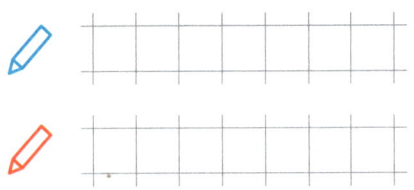

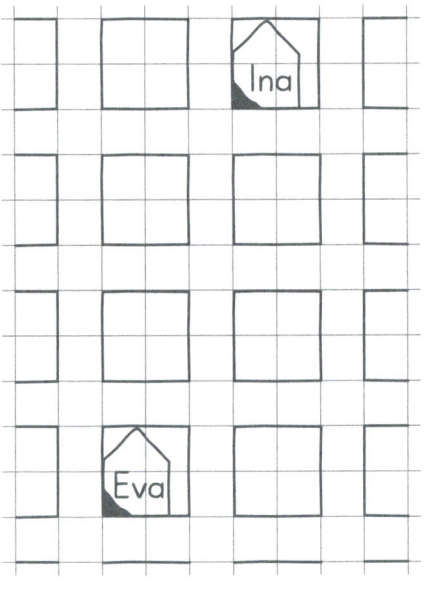

1 Milas Wege zum Schwimmbad mithilfe von Pfeilen darstellen. **2** Milas Wege zur Polizei im Plan einzeichnen.
3 Zwei Wege im Plan einzeichnen und mit Pfeilen notieren.

→ Schulbuch, Seiten 114/115

Rechenwege bei Plusaufgaben beschreiben

1

a)

23 + 14 = ____

b)

33 + 24 = ____

c)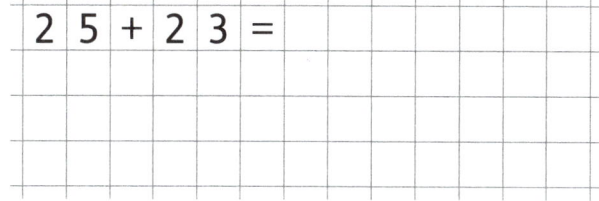

46 + 23 = ____

d)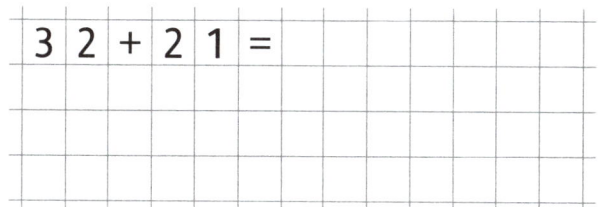

56 + 25 = ____

e)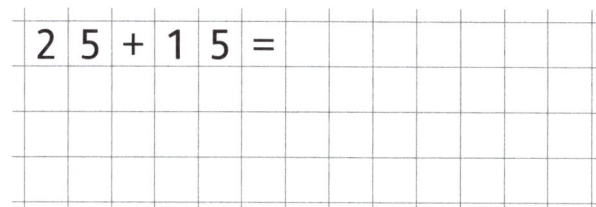

45 + 25 = ____

f)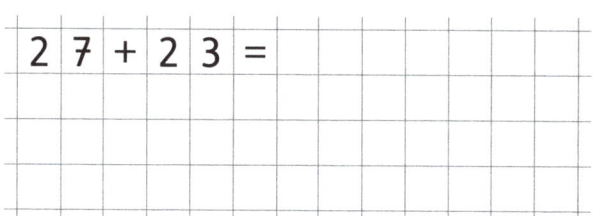

55 + 26 = ____

2 Schreibe oder zeichne deinen Rechenweg auf.

| 2 | 5 | + | 2 | 3 | = |

| 3 | 2 | + | 2 | 1 | = |

| 2 | 5 | + | 1 | 5 | = |

| 2 | 7 | + | 2 | 3 | = |

| 2 | 8 | + | 2 | 3 | = |

| 1 | 9 | + | 3 | 5 | = |

Rechenwege bei Minusaufgaben beschreiben

1

a)

27 − 15 = ____

b)

43 − 12 = ____

c)

47 − 24 = ____

d)

34 − 6 = ____

e)

35 − 17 = ____

f)

51 − 43 = ____

g)

63 − 25 = ____

h)

56 − 38 = ____

i)

58 − 29 = ____

2 Schreibe oder zeichne deinen Rechenweg auf.

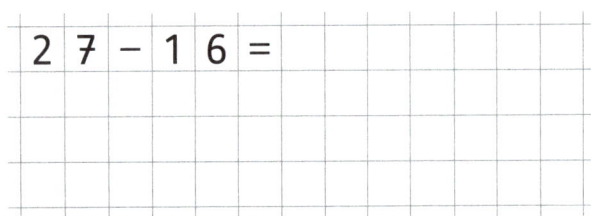

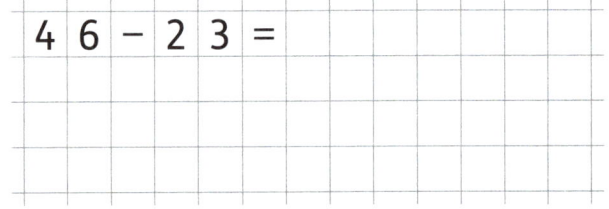

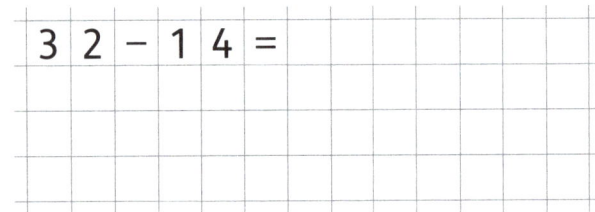

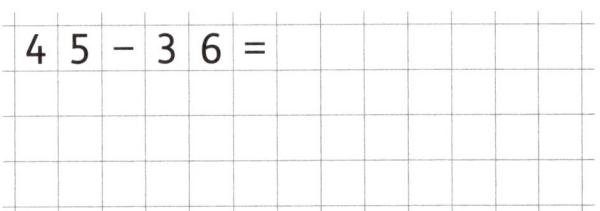

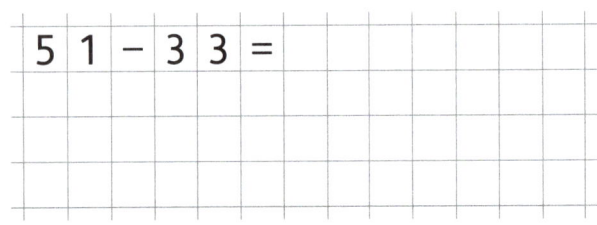

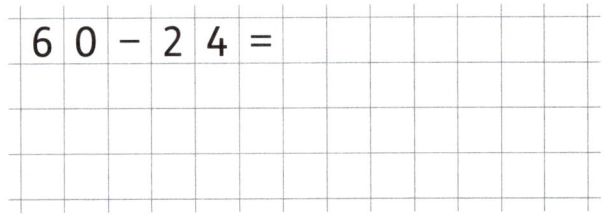

1, 2 Subtraktionsaufgaben auf eigenen Wegen rechnen.
→ Schulbuch, Seiten 118/119

Rechenwege bei Malaufgaben beschreiben

1 **In Schritten** mal rechnen. Rechne mit dem Rechenstrich.

a) 6 · 3 = ____

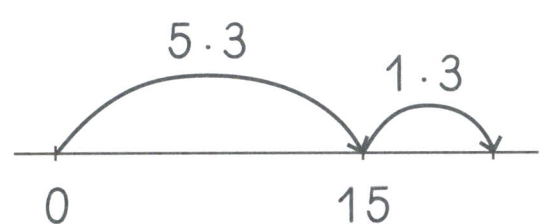

Ich zerlege die 1. Zahl und rechne mit Kernaufgaben.

Eric

b) 6 · 7 = ____

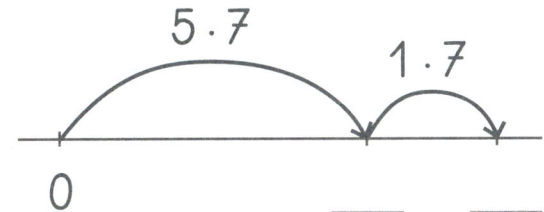

c) 6 · 4 = ____

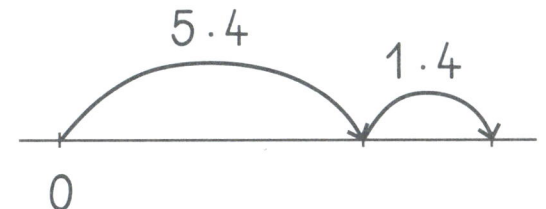

2 **Hilfsaufgaben.** Rechne mit dem Rechenstrich.

a) 9 · 3 = ____

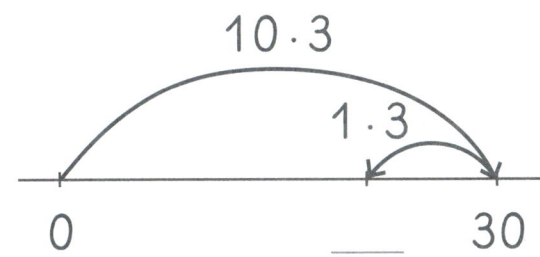

Die 1. Zahl ist nah an einer Zehnerzahl.

Mila

b) 9 · 6 = ____

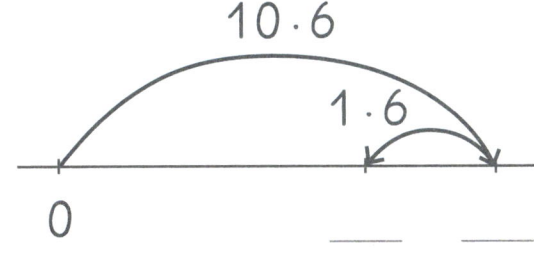

c) 9 · 7 = ____

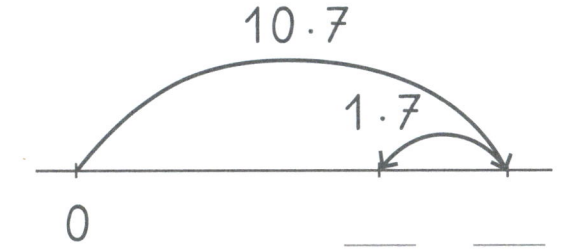

3 Rechne.

5 · 8 = ____   5 · 9 = ____   10 · 4 = ____   10 · 8 = ____

6 · 8 = ____   6 · 9 = ____   9 · 4 = ____   9 · 8 = ____

1–3 Rechenstrategien „in Schritten" mal rechnen und „Hilfsaufgabe" nutzen und darstellen.

→ Schulbuch, Seiten 120/121

77

Gleichungen und Ungleichungen

1 Vergleiche. < oder > oder =?

a) $2 \cdot 4 \bigcirc 10$

$3 \cdot 4 \bigcirc 10$

b) $2 \cdot 6 \bigcirc 20$

$4 \cdot 6 \bigcirc 20$

c) $2 \cdot 10 \bigcirc 20$

$2 \cdot 9 \bigcirc 20$

d) $4 \cdot 5 \bigcirc 18$

$3 \cdot 5 \bigcirc 18$

e) $7 \cdot 5 \bigcirc 35$

$8 \cdot 5 \bigcirc 30$

f) $7 \cdot 10 \bigcirc 70$

$8 \cdot 10 \bigcirc 75$

g) $4 \cdot 4 \bigcirc 18$

$5 \cdot 4 \bigcirc 20$

h) $6 \cdot 6 \bigcirc 30$

$5 \cdot 6 \bigcirc 28$

i) $7 \cdot 7 \bigcirc 50$

$8 \cdot 8 \bigcirc 50$

2 Vergleiche. < oder > oder =?

a) $8 : 2 \bigcirc 5$

$12 : 2 \bigcirc 5$

b) $20 : 5 \bigcirc 5$

$30 : 5 \bigcirc 5$

c) $20 : 2 \bigcirc 10$

$20 : 4 \bigcirc 10$

d) $25 : 5 \bigcirc 5$

$20 : 5 \bigcirc 5$

e) $40 : 4 \bigcirc 5$

$40 : 8 \bigcirc 5$

f) $80 : 10 \bigcirc 10$

$100 : 10 \bigcirc 10$

g) $30 : 6 \bigcirc 10$

$60 : 6 \bigcirc 10$

h) $40 : 4 \bigcirc 10$

$40 : 8 \bigcirc 10$

i) $90 : 10 \bigcirc 10$

$90 : 9 \bigcirc 10$

3 Rechne und vergleiche. Was fällt dir auf?

a) $20 : 5 =$ ____

$10 : 5 =$ ____

b) $40 : 10 =$ ____

$20 : 10 =$ ____

c) $12 : 3 =$ ____

$6 : 3 =$ ____

d) $16 : 8 =$ ____

$16 : 4 =$ ____

e) $24 : 6 =$ ____

$24 : 3 =$ ____

f) $40 : 8 =$ ____

$40 : 4 =$ ____

1–3 Aufgaben mit Ergebnissen vergleichen. Beziehungen zwischen den Malreihen nutzen.
→ Schulbuch, Seiten 122/123

Teilen mit Rest

1 Immer 22 Plättchen in Gruppen zerlegen.

a) Vierer

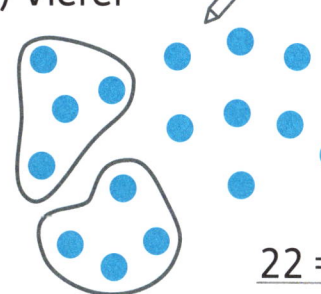

22 = ____ · 4 + ____

22 : 4 = ____

b) Sechser

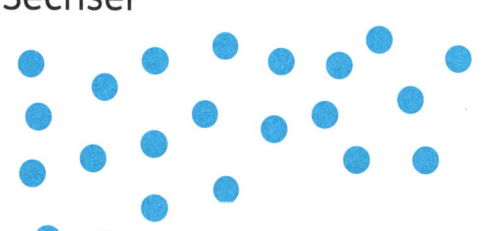

22 = ____ · 6 + ____

22 : 6 = ____

c) Achter

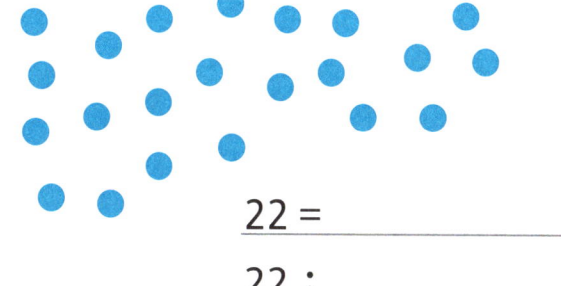

22 = ____

22 : ____

d) Fünfer

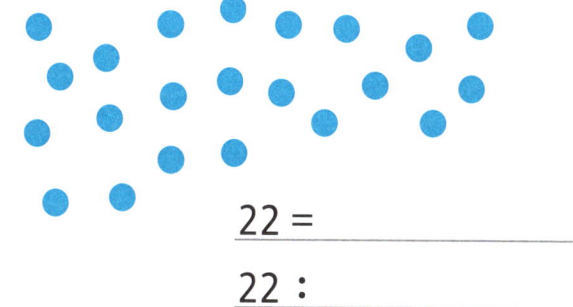

22 = ____

22 : ____

2 Schreibe immer zwei Aufgaben.

a)

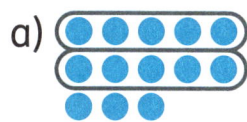

$13 = 2 \cdot 5 + 3$

$13 : 5 = 2\,R\,3$

b)

____

____

c)

____

____

d)

____

____

e)

____

____

f)

____

____

Rechendreiecke

1 a) Berechne die Außenzahlen. Vergleiche.

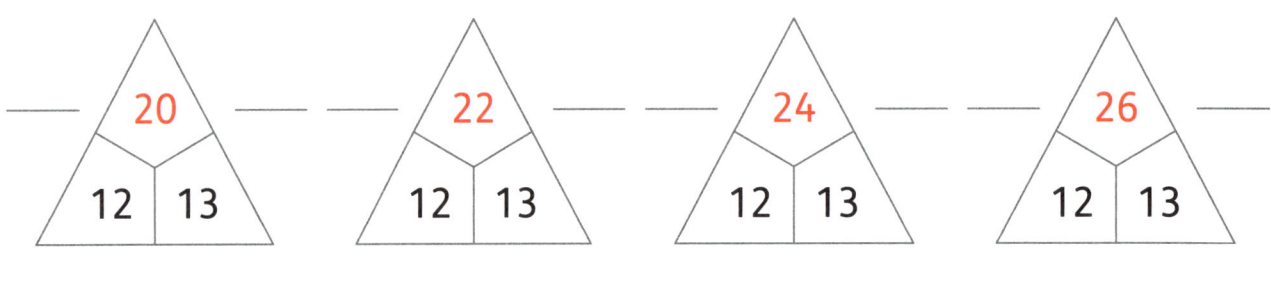

b) Was fällt dir auf? Markiere und erkläre.

_____

2 a) Berechne die Außenzahlen. Vergleiche.

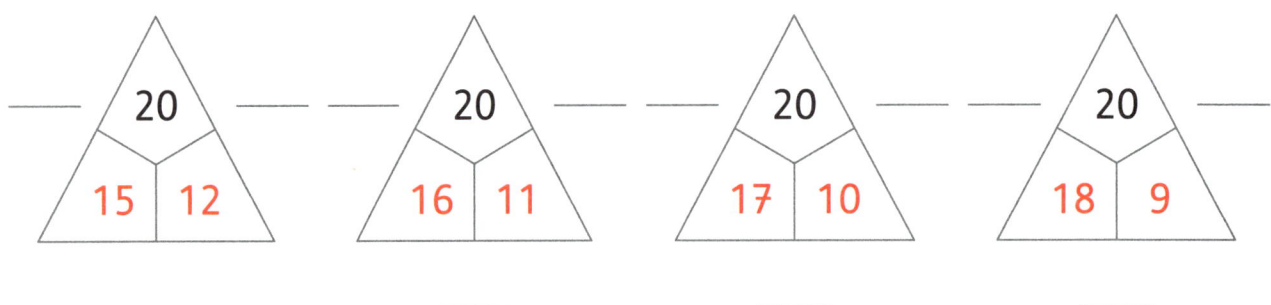

b) Was fällt dir auf? Markiere und erkläre.

_____

3 Finde das passende Rechendreieck mit den 6 Zahlen.

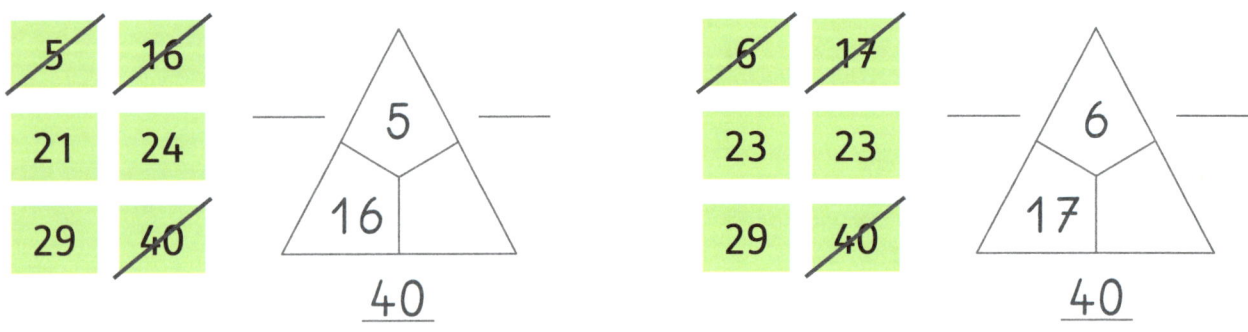

1–3 Operative Beziehungen zwischen Innen- und Außenzahlen erkunden.

→ Schulbuch, Seiten 126/127

Forschen und Finden: Zahlenmauern

1 a) Rechne und vergleiche. Der linke Grundstein wird immer 2 größer.

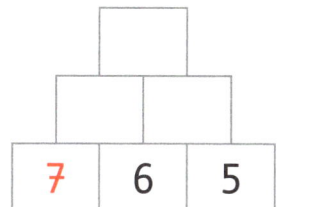 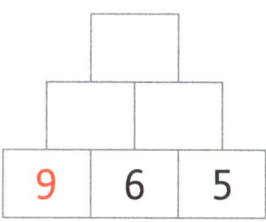 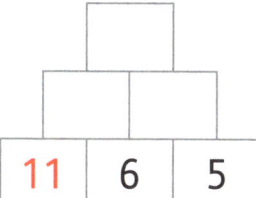 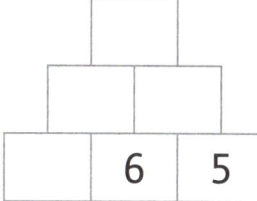

b)

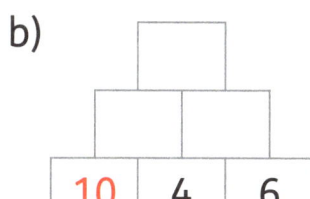 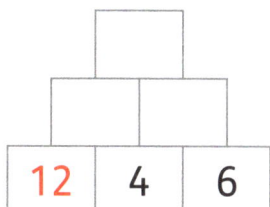  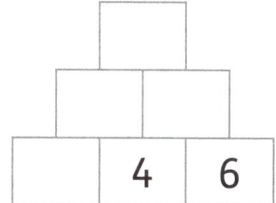

c) Was fällt dir auf? Markiere und erkläre.

_____

2 a) Rechne und vergleiche. Der mittlere Grundstein wird immer 2 größer.

 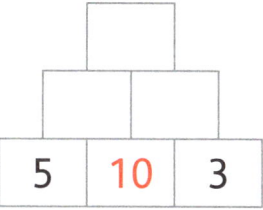 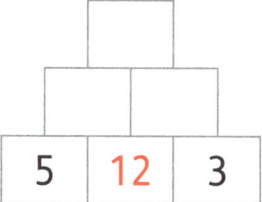 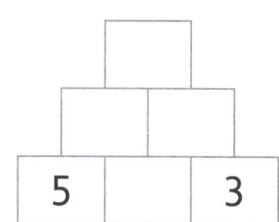

b)

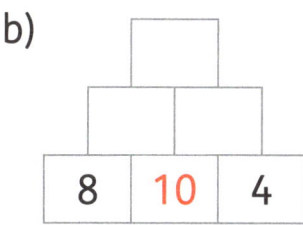 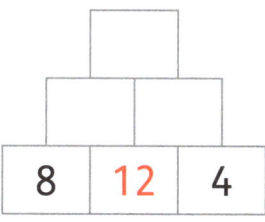 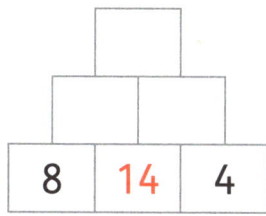 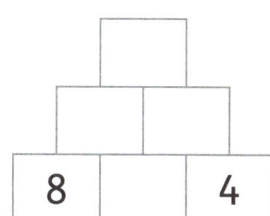

c) Was fällt dir auf? Markiere und erkläre.

_____

○ **1** Wie viele Beine sind es?

Im Stall sind 3 Pferde und 2 Katzen.

❋ **2** Schreibe oder zeichne deinen Rechenweg.

$2\ 3 + 2\ 9 =$ $4\ 3 - 2\ 9 =$

○ **3** Ordne und rechne einfache Aufgaben.

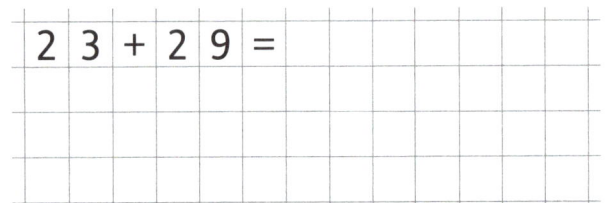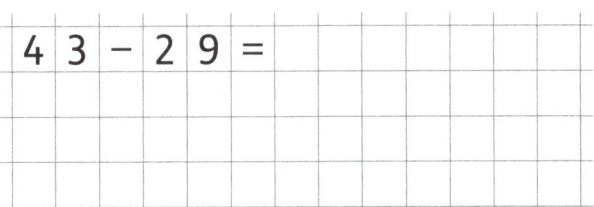

$5 \cdot 7 =$ ____ $5 \cdot 4 =$ ____ $10 \cdot 3 =$ ____ $10 \cdot 8 =$ ____

$6 \cdot 7 =$ ____ $7 \cdot 4 =$ ____ $9 \cdot 3 =$ ____ $9 \cdot 8 =$ ____

○ **4** Vergleiche. < oder > oder =?

a) $5 \cdot 4 \bigcirc 20$ b) $8 \cdot 8 \bigcirc 80$ c) $20 : 5 \bigcirc 5$

   $4 \cdot 4 \bigcirc 20$ $9 \cdot 9 \bigcirc 80$ $30 : 5 \bigcirc 5$

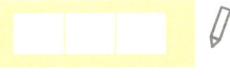

○ **5** Teilen mit und ohne Rest.

a) $18 : 2 =$ _____   b) $18 : 3 =$ _____   c) $15 : 5 =$ _____

   $19 : 2 =$ _____ $20 : 3 =$ _____ $18 : 5 =$ _____

Wesentliche Inhalte des Kapitels noch einmal reflektieren, die eigenen Kompetenzen einschätzen.
→ Schulbuch, Seiten 130/131

Maße am Körper

1 Bestimme die Schuhgrößen.

Fußlänge in cm	Schuhgröße
18	29
	30
19	31
20	32
	33
21	34
22	35
23	36

Emma
Fußlänge: 18 cm

Schuhgröße: _____

Lara
Fußlänge: 20 cm

Schuhgröße: _____

Ole
Fußlänge: 21 cm

Schuhgröße: _____

Henry
Fußlänge: 23 cm

Schuhgröße: _____

2 Erstelle ein Schaubild.

Körpergröße	
kleiner als 1 m 30 cm	Max, Esra, Marta
1 m 30 cm bis 1 m 34 cm	Eric, Anton, Lilly, Leo, Finn, Eva
1 m 35 cm bis 1 m 39 cm	Ina, Ben, Anna, Murat, Noah
größer als 1 m 39 cm	Metin, Sophie

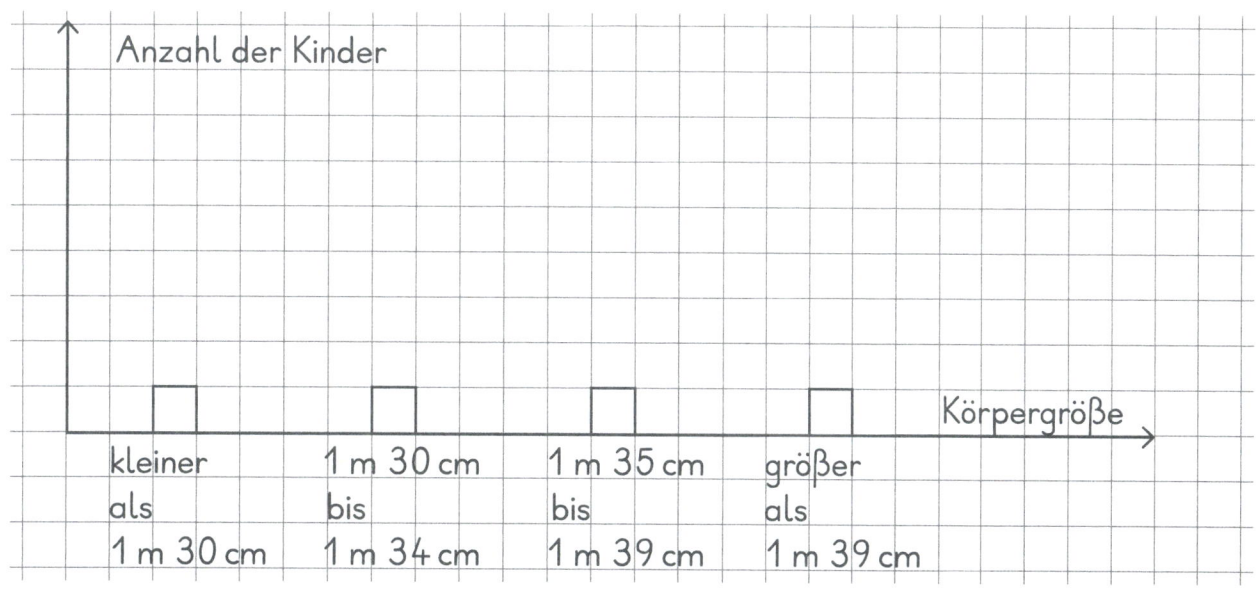

1 Schuhgrößen anhand der Tabelle bestimmen. 2 Daten in ein Schaubild übertragen.

→ Schulbuch, Seiten 134/135

83

Tagesablauf: Stunden und Minuten

1 Im Schwimmbad. Wie spät ist es? Verbinde.

2 Welche Uhrzeiten gehören zusammen? Verbinde.

3 Zeichne die Zeiger ein.

9.00 Uhr   9.30 Uhr   10.00 Uhr   10.30 Uhr

1 Uhrzeiten und Situationen einander zuordnen. **2** Digitale und analoge Uhrzeiten verbinden. **3** Analoge Uhrzeiten eintragen, dabei ggf. das Muster erkennen.
→ Schulbuch, Seiten 136/137

Zeitspannen: Uhrzeiten und Kalender

1 Wie viele Stunden waren die Kinder im Schwimmbad?

Die Kinder waren _____ Stunden im Schwimmbad.

2 Wie heißen die Monate?
Wie viele Tage haben sie?

1. Monat: Januar   31 Tage

2. Monat: _____   _____

4. Monat: _____   _____

8. Monat: _____   _____

12. Monat: _____   _____

	Kalender 2025		
	Januar	**Februar**	**März**
Mo	6 13 20 27	3 10 17 24	3 10 17 24 31
Di	7 14 21 28	4 11 18 25	4 11 18 25
Mi	1 8 15 22 29	5 12 19 26	5 12 19 26
Do	2 9 16 23 30	6 13 20 27	6 13 20 27
Fr	3 10 17 24 31	7 14 21 28	7 14 21 28
Sa	4 11 18 25	1 8 15 22	1 8 15 22 29
So	5 12 19 26	2 9 16 23	2 9 16 23 30
	April	**Mai**	**Juni**
Mo	7 14 21 28	5 12 19 26	2 9 16 23 30
Di	1 8 15 22 29	6 13 20 27	3 10 17 24
Mi	2 9 16 23 30	7 14 21 28	4 11 18 25
Do	3 10 17 24	1 8 15 22 29	5 12 19 26
Fr	4 11 18 25	2 9 16 23 30	6 13 20 27
Sa	5 12 19 26	3 10 17 24 31	7 14 21 28
So	6 13 20 27	4 11 18 25	1 8 15 22 29
	Juli	**August**	**September**
Mo	7 14 21 28	4 11 18 25	1 8 15 22 29
Di	1 8 15 22 29	5 12 19 26	2 9 16 23 30
Mi	2 9 16 23 30	6 13 20 27	3 10 17 24
Do	3 10 17 24 31	7 14 21 28	4 11 18 25
Fr	4 11 18 25	1 8 15 22 29	5 12 19 26
Sa	5 12 19 26	2 9 16 23 30	6 13 20 27
So	6 13 20 27	3 10 17 24 31	7 14 21 28
	Oktober	**November**	**Dezember**
Mo	6 13 20 27	3 10 17 24	1 8 15 22 29
Di	7 14 21 28	4 11 18 25	2 9 16 23 30
Mi	1 8 15 22 29	5 12 19 26	3 10 17 24 31
Do	2 9 16 23 30	6 13 20 27	4 11 18 25
Fr	3 10 17 24 31	7 14 21 28	5 12 19 26
Sa	4 11 18 25	1 8 15 22 29	6 13 20 27
So	5 12 19 26	2 9 16 23 30	7 14 21 28

Neujahr:1. Januar, Karfreitag 18. April, Ostern 20./21. April, Tag der Arbeit 1. Mai, Christi Himmelfahrt 29. Mai, Pfingsten 8./9. Juni, Fronleichnam 19. Juni, Tag der Deutschen Einheit 3. Oktober, Allerheiligen 1. November, Weihnachten 25./26. Dezember

3 Welcher Wochentag ist es? Verbinde.

| 6. Januar | 31. August | 6. Dezember | 24. Dezember |

| Sonntag | Montag | Mittwoch | Samstag |

4 An welchem Tag hast du Geburtstag? _____

1 Aufenthaltsdauer bestimmen. 2 Name der Monate und Anzahl der Tage bestimmen. 3 Datum und Wochentag im Kalender ablesen und verbinden. 4 Das Datum und ggf. auch den Wochentag des eigenen Geburtstags notieren.

→ Schulbuch, Seiten 138/139

85

Bald ist Weihnachten

1 Was gehört zusammen? Verbinde.

a)

b)

2 Ergänze das Spiegelbild.

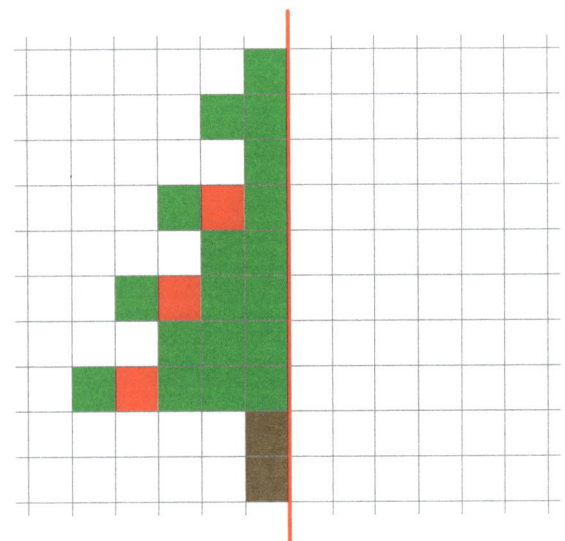 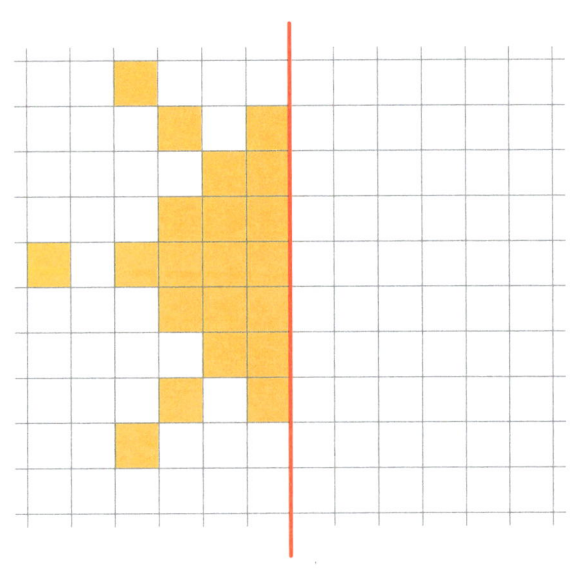

1 Kopfgeometrie: Faltschnitte und -figuren zuordnen.   **2** Figuren ggf. mithilfe eines Spiegels symmetrisch ergänzen.

→ Schulbuch, Seiten 140/141

Bald ist Ostern

1 Eierketten.

Die Eier sind blau oder rot.

Die Perlen sind grün oder gelb.

a) Findet alle Möglichkeiten.

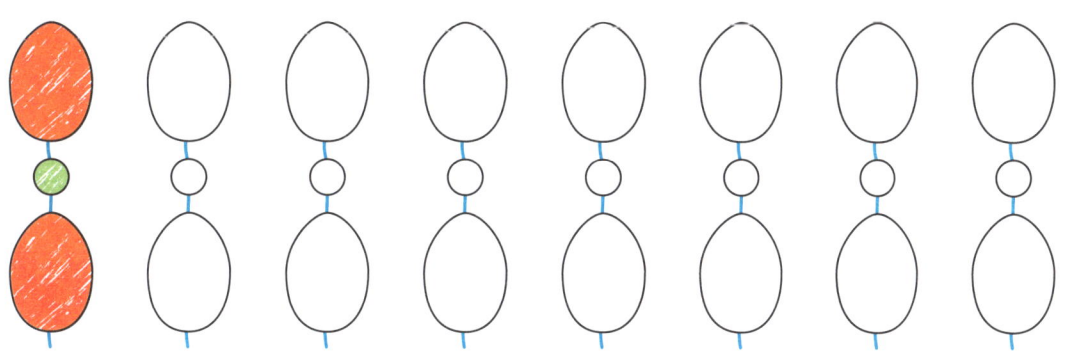

b) Eine weitere Farbe für die Perle
kommt hinzu.
Finde alle neuen Ketten
und zeichne sie auf.

2 Ostereier mit zwei Farben.

Das Ei ist rot oder gelb.    Die Punkte sind blau, grün oder lila.

Finde alle Möglichkeiten.

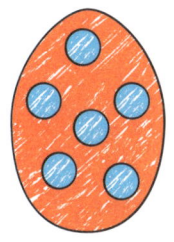 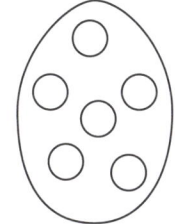 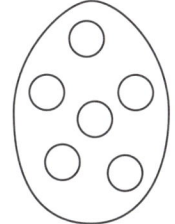 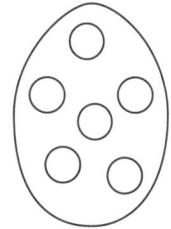 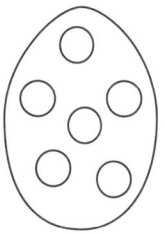 

1, 2 Nach allen Möglichkeiten suchen, die Eierketten bzw. die Eier nach den Vorgaben zu färben.

→ Schulbuch, Seiten 142/143

87

Grundfertigkeiten im Hunderterraum

1 Wie viele?

a)  ___

b)  ___

c)  ___

d)  ___

2 Zahlen darstellen.

a) sechsundzwanzig

26

b) siebenunddreißig ___

c) zweiundsechzig ___

d) dreiundsiebzig ___

3 Zahlen ordnen.

3, 11, 97, 19, 68, 27, 71, 13, 48, 33, 40

3

4 Zahlen zerlegen.

a) 47 = 40 + 7   b) 91 = ___ + ___   c) 50 = ___ + ___   d) 63 = ___ + ___

74 = 70 + 4   19 = ___ + ___   5 = ___ + ___   36 = ___ + ___

5 In Einerschritten zählen.

Vorwärts: 28, 29, ___, ___, ___, ___, ___, ___, ___, ___, ___, ___, ___, ___

77, 78, ___, ___, ___, ___, ___, ___, ___, ___, ___, ___, ___, ___

Rückwärts: 91, 90, ___, ___, ___, ___, ___, ___, ___, ___, ___, ___, ___, ___

66, 65, ___, ___, ___, ___, ___, ___, ___, ___, ___, ___, ___, ___

6 In Zehnerschritten zählen.

Vorwärts: 7, 17, ___, ___, ___, ___, ___, ___, ___, ___, ___, ___, ___, ___

2, 12, ___, ___, ___, ___, ___, ___, ___, ___, ___, ___, ___, ___

Rückwärts: 100, 90, ___, ___, ___, ___, ___, ___, ___, ___

94, 84, ___, ___, ___, ___, ___, ___, ___, ___

 Grundwissen am Ende des 2. Schuljahres. Die Aufgaben sollten selbstständig gelöst werden (Lernstandskontrolle).

○ **7** Nachbarzahlen.

a) ___, 82, ___   b) ___, 49, ___   c) ___, 90, ___   d) ___, 99, ___

___, 28, ___   ___, 67, ___   ___, 20, ___   ___, 9, ___

___, 29, ___   ___, 76, ___   ___, 12, ___   ___, 1, ___

___, 92, ___   ___, 94, ___   ___, 72, ___   ___, 11, ___

○ **8** Ergänzen zum Zehner.

$63 + \_\_\_ = 70$ $14 + \_\_\_ = 20$ $83 + \_\_\_ = \_\_\_$ $93 + \_\_\_ = \_\_\_$

$56 + \_\_\_ = 60$ $41 + \_\_\_ = \_\_\_$ $38 + \_\_\_ = \_\_\_$ $98 + \_\_\_ = \_\_\_$

$42 + \_\_\_ = 50$ $65 + \_\_\_ = \_\_\_$ $77 + \_\_\_ = \_\_\_$ $68 + \_\_\_ = \_\_\_$

$66 + \_\_\_ = 70$ $38 + \_\_\_ = \_\_\_$ $51 + \_\_\_ = \_\_\_$ $99 + \_\_\_ = \_\_\_$

○ **9** Vergleiche: < oder >?

a)   92 ◯ 29   b)   97 ◯ 100   c)   19 ◯ 21   d)   9 ◯ 90   e)   27 ◯ 73

    18 ◯ 81   19 ◯ 18   91 ◯ 21   17 ◯ 61   42 ◯ 38

    63 ◯ 36   18 ◯ 19   19 ◯ 12   16 ◯ 71   32 ◯ 48

○ **10** 100 teilen.

a) $100 = \_\_\_$ mal 50   b) $100 = \_\_\_$ mal 20   c) $100 = \_\_\_$ mal 10

   $100 = \_\_\_$ mal 25 $100 = \_\_\_$ mal 5 $100 = \_\_\_$ mal 2

○ **11** Mit Zehnern rechnen wie mit Einern (Plus).

a) $5 + 5 = \_\_\_$ b) $6 + 4 = \_\_\_$ c) $7 + 3 = \_\_\_$ d) $8 + 2 = \_\_\_$

   $50 + 50 = \_\_\_$ $60 + 40 = \_\_\_$ $\_\_\_ + \_\_\_ = \_\_\_$ $\_\_\_ + \_\_\_ = \_\_\_$

e) $\_\_\_ + \_\_\_ = \_\_\_$ f) $6 + 2 = \_\_\_$ g) $7 + 2 = \_\_\_$ h) $\_\_\_ + \_\_\_ = \_\_\_$

   $40 + 50 = \_\_\_$ $\_\_\_ + \_\_\_ = \_\_\_$ $\_\_\_ + \_\_\_ = \_\_\_$ $30 + 30 = \_\_\_$

○ **12** Mit Zehnern rechnen wie mit Einern (Minus).

a) $9 - 5 = \_\_\_$ b) $8 - 7 = \_\_\_$ c) $7 - 5 = \_\_\_$ d) $\_\_\_ - \_\_\_ = \_\_\_$

   $90 - 50 = \_\_\_$ $80 - 70 = \_\_\_$ $\_\_\_ - \_\_\_ = \_\_\_$ $100 - 50 = \_\_\_$

e) $\_\_\_ - \_\_\_ = \_\_\_$ f) $\_\_\_ - \_\_\_ = \_\_\_$ g) $7 - 2 = \_\_\_$ h) $\_\_\_ - \_\_\_ = \_\_\_$

   $30 - 30 = \_\_\_$ $80 - 50 = \_\_\_$ $\_\_\_ - \_\_\_ = \_\_\_$ $100 - 100 = \_\_\_$

Grundwissen am Ende des 2. Schuljahres. Die Aufgaben sollten selbstständig gelöst werden (Lernstandskontrolle).

89

1 Plusaufgaben.

a) $27 + 30 =$ ___
$37 + 20 =$ ___
$73 + 20 =$ ___

b) $61 + 30 =$ ___
$31 + 60 =$ ___
$13 + 60 =$ ___

c) $49 + 1 =$ ___
$19 + 40 =$ ___
$41 + 9 =$ ___

d) $25 + 7 =$ ___
$27 + 5 =$ ___
$72 + 5 =$ ___

e) $40 + 30 =$ ___
$4 + 5 =$ ___
$44 + 35 =$ ___

f) $20 + 30 =$ ___
$6 + 6 =$ ___
$26 + 36 =$ ___

g) $36 + 50 =$ ___
$36 + 51 =$ ___
$36 + 52 =$ ___

h) $36 + 7 =$ ___
$36 + 17 =$ ___
$36 + 27 =$ ___

2 Verdoppeln.

a) $30 + 30 = \underline{60}$
$4 + 4 = \underline{8}$
$34 + 34 = \underline{68}$

b) $40 + 40 =$ ___
$7 + 7 =$ ___
$47 + 47 =$ ___

c) $20 + 20 =$ ___
$6 + 6 =$ ___
$26 + 26 =$ ___

d) $10 + 10 =$ ___
$5 + 5 =$ ___
$15 + 15 =$ ___

e) $44 + 44 =$ ___
$45 + 45 =$ ___
$46 + 46 =$ ___

f) $37 + 37 =$ ___
$27 + 27 =$ ___
$17 + 17 =$ ___

g) $36 + 36 =$ ___
$46 + 46 =$ ___
$45 + 45 =$ ___

h) $25 + 25 =$ ___
$24 + 24 =$ ___
$14 + 14 =$ ___

3 Minusaufgaben.

a) $56 - 30 =$ ___
$65 - 30 =$ ___
$67 - 20 =$ ___

b) $51 - 20 =$ ___
$62 - 30 =$ ___
$73 - 40 =$ ___

c) $51 - 22 =$ ___
$88 - 59 =$ ___
$97 - 38 =$ ___

d) $65 - 9 =$ ___
$56 - 8 =$ ___
$48 - 7 =$ ___

e) $70 - 30 =$ ___
$5 - 4 =$ ___
$75 - 34 =$ ___

f) $64 - 40 =$ ___
$64 - 41 =$ ___
$64 - 42 =$ ___

g) $86 - 7 =$ ___
$86 - 17 =$ ___
$86 - 27 =$ ___

h) $57 - 30 =$ ___
$57 - 37 =$ ___
$57 - 38 =$ ___

4 Halbieren.

a) $80 = \underline{40} + \underline{40}$
$6 = \underline{3} + \underline{3}$
$86 = \underline{43} +$ ___

b) $40 =$ ___ $+$ ___
$8 =$ ___ $+$ ___
$48 =$ ___ $+$ ___

c) $50 =$ ___ $+$ ___
$6 =$ ___ $+$ ___
$56 =$ ___ $+$ ___

d) $60 =$ ___ $+$ ___
$4 =$ ___ $+$ ___
$64 =$ ___ $+$ ___

e) $84 =$ ___ $+$ ___
$82 =$ ___ $+$ ___
$88 =$ ___ $+$ ___

f) $46 =$ ___ $+$ ___
$44 =$ ___ $+$ ___
$42 =$ ___ $+$ ___

g) $54 =$ ___ $+$ ___
$52 =$ ___ $+$ ___
$58 =$ ___ $+$ ___

h) $66 =$ ___ $+$ ___
$68 =$ ___ $+$ ___
$70 =$ ___ $+$ ___

Grundwissen am Ende des 2. Schuljahres. Die Aufgaben sollten selbstständig gelöst werden (Lernstandskontrolle).

5 Plus und Minus.

a) $26 + 21 = \underline{47}$ b) $63 + 24 = \underline{}$ c) $38 + 19 = \underline{}$ d) $58 + 13 = \underline{}$

     $\underline{47} - 21 = \underline{}$ $\underline{} - 24 = \underline{}$ $\underline{} - 19 = \underline{}$ $\underline{} - 13 = \underline{}$

e) $87 - 51 = \underline{36}$ f) $55 - 36 = \underline{}$ g) $74 - 21 = \underline{}$ h) $72 - 49 = \underline{}$

     $\underline{36} + 51 = \underline{}$ $\underline{} + 36 = \underline{}$ $\underline{} + 21 = \underline{}$ $\underline{} + 49 = \underline{}$

6 Einmaleins.

$2 \cdot 2 = $	$2 \cdot 5 = $	$2 \cdot 10 = $	$2 \cdot 1 = $	$2 \cdot 3 = $
$5 \cdot 2 = $	$5 \cdot 5 = $	$5 \cdot 10 = $	$5 \cdot 1 = $	$5 \cdot 3 = $
$10 \cdot 2 = $	$10 \cdot 5 = $	$10 \cdot 10 = $	$10 \cdot 1 = $	$10 \cdot 3 = $
$2 \cdot 8 = $	$2 \cdot 4 = $	$2 \cdot 9 = $	$2 \cdot 6 = $	$2 \cdot 7 = $
$5 \cdot 8 = $	$5 \cdot 4 = $	$5 \cdot 9 = $	$5 \cdot 6 = $	$5 \cdot 7 = $
$10 \cdot 8 = $	$10 \cdot 4 = $	$10 \cdot 9 = $	$10 \cdot 6 = $	$10 \cdot 7 = $

7 Einmaleins.

$3 \cdot 3 = $	$6 \cdot 6 = $	$9 \cdot 9 = $	$10 \cdot 3 = $	$5 \cdot 4 = $
$4 \cdot 4 = $	$7 \cdot 7 = $	$10 \cdot 9 = $	$9 \cdot 3 = $	$6 \cdot 4 = $
$5 \cdot 5 = $	$8 \cdot 8 = $	$1 \cdot 1 = $	$8 \cdot 3 = $	$7 \cdot 4 = $
$2 \cdot 6 = $	$5 \cdot 7 = $	$4 \cdot 9 = $	$4 \cdot 8 = $	$10 \cdot 8 = $
$4 \cdot 6 = $	$4 \cdot 7 = $	$5 \cdot 9 = $	$5 \cdot 8 = $	$9 \cdot 8 = $
$8 \cdot 6 = $	$3 \cdot 7 = $	$6 \cdot 9 = $	$7 \cdot 8 = $	$8 \cdot 8 = $

8 Teilen.

a)

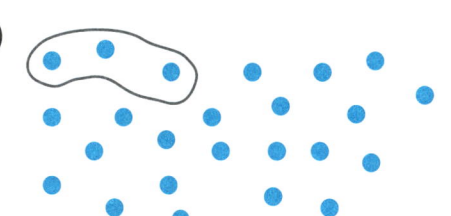

$24 : 3 = \underline{}$

b)

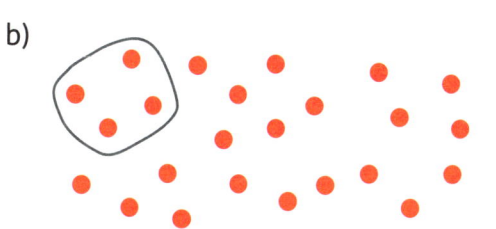

$24 : 4 = \underline{}$

9 Einfache Aufgaben zum Teilen.

$90 : 9 = $	$80 : 8 = $	$70 : 7 = $	$60 : 6 = $	$40 : 4 = $
$45 : 9 = $	$40 : 8 = $	$35 : 7 = $	$30 : 6 = $	$20 : 4 = $
$18 : 9 = $	$16 : 8 = $	$14 : 7 = $	$12 : 6 = $	$8 : 4 = $

Grundwissen am Ende des 2. Schuljahres. Die Aufgaben sollten selbstständig gelöst werden (Lernstandskontrolle).

1 Welche Münzen gibt es?

Cent: ◯ ◯ ◯ ◯ ◯ ◯   Euro: ◯ ◯

Welche Scheine gibt es?

Euro: 200 100 ▢ ▢ ▢ ▢

2 a) Wie viel Cent?   b) Wie viel Euro?

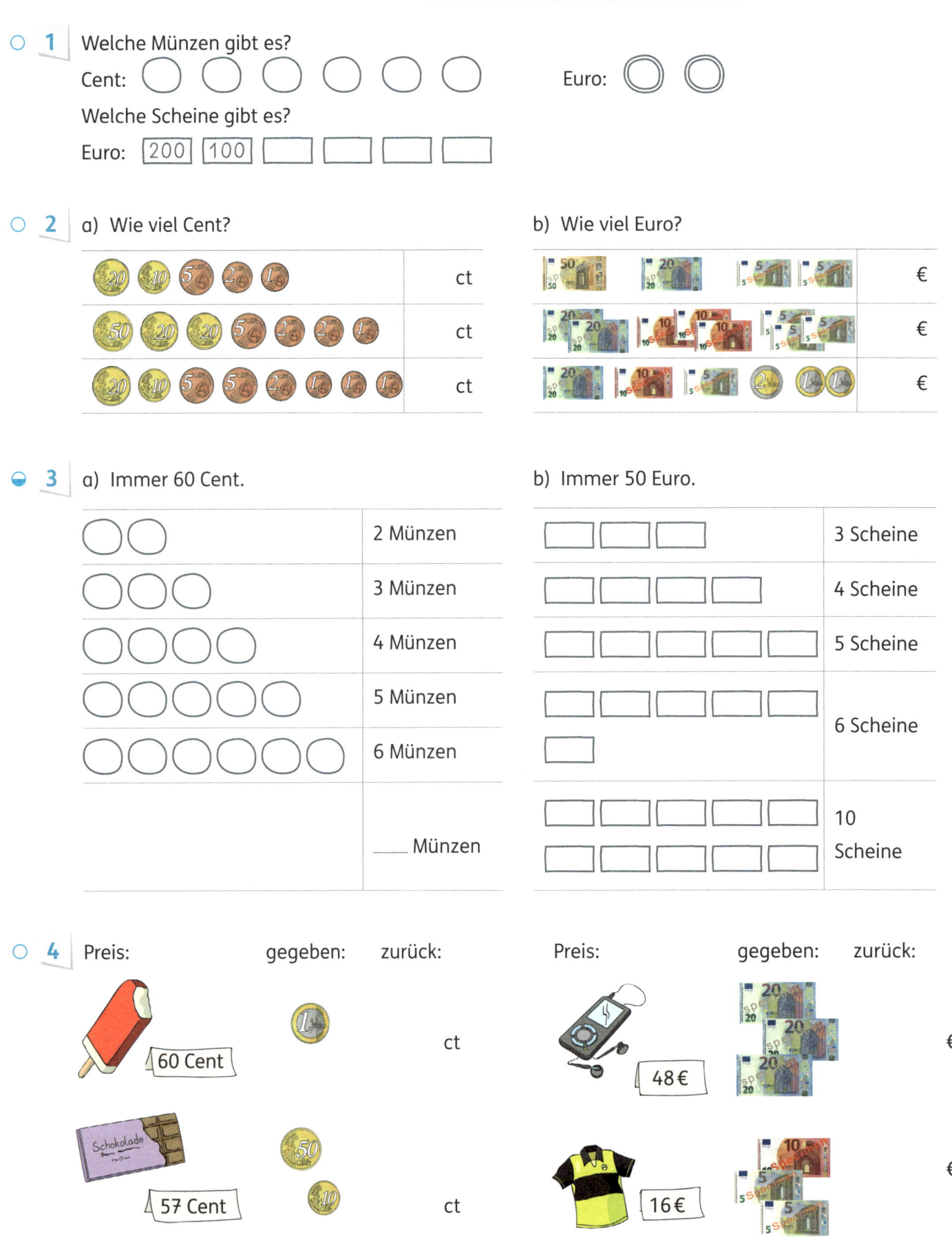

3 a) Immer 60 Cent.   b) Immer 50 Euro.

◯◯	2 Münzen
◯◯◯	3 Münzen
◯◯◯◯	4 Münzen
◯◯◯◯◯	5 Münzen
◯◯◯◯◯◯	6 Münzen
_____ Münzen	

b) Immer 50 Euro.

- ▢▢▢ 3 Scheine
- ▢▢▢▢ 4 Scheine
- ▢▢▢▢▢ 5 Scheine
- ▢▢▢▢ ▢ 6 Scheine
- ▢▢▢▢▢ 10 Scheine
- ▢▢▢▢▢

4 Preis: gegeben: zurück: Preis: gegeben: zurück:

60 Cent   [1 €]   ____ ct   48 €   [20 20 20]   ____ €

57 Cent   [50] [10]   ____ ct   16 €   [10 5 5]   ____ €

Grundwissen am Ende des 2. Schuljahres. Die Aufgaben sollten selbstständig gelöst werden (Lernstandskontrolle).

5　　1 Jahr = ＿＿ Monate　　　　　　1 Tag = ＿＿ Stunden

　　　1 Woche = ＿＿ Tage　　　　　　1 Stunde = ＿＿ Minuten　　1 h = ＿＿ min

6　Immer 1 Stunde.

　　a)　57 min + ＿＿ min　　　　b)　45 min + ＿＿ min　　　　c)　27 min + ＿＿ min

　　d)　30 min + ＿＿ min　　　　e)　15 min + ＿＿ min　　　　f)　19 min + ＿＿ min

7　Ordne nach Zeitdauer.

| 15 min | 10 h | 1 Jahr | 8 Tage | 3 Monate | 2 Wochen | 1 Sekunde |

　1 Sekunde , ＿＿＿＿＿＿ , ＿＿＿＿＿＿ , ＿＿＿＿＿＿ , ＿＿＿＿＿＿ , ＿＿＿＿＿＿ , _1 Jahr_

8　Wie spät ist es?

　＿＿＿＿ Uhr

　　　　＿＿＿＿ Uhr

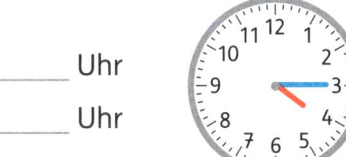　＿＿＿＿ Uhr

　　　　＿＿＿＿ Uhr

　＿＿＿＿ Uhr

　　　　＿＿＿＿ Uhr

9　Es ist jetzt 11.15 Uhr.

　　a)　Wie spät war es　　　　　　　b)　Wie spät ist es

　　　　1 h vorher?　　＿＿＿＿ Uhr　　　　　　1 h später?　　＿＿＿＿ Uhr

　　　　30 min vorher?　＿＿＿＿ Uhr　　　　　30 min später?　＿＿＿＿ Uhr

10　Immer 1 Meter.

　　a)　20 cm + ＿＿ cm　　　　b)　39 cm + ＿＿ cm　　　　c)　25 cm + ＿＿ cm

　　d)　60 cm + ＿＿ cm　　　　e)　75 cm + ＿＿ cm　　　　f)　97 cm + ＿＿ cm

11　Miss die Länge vom Kopf

　　bis zum Schwanzende.

　　＿＿ cm

12　Zeichne mit dem Lineal Strecken von

　　a)　⊢＿＿＿＿　　　　　　　　　　　　b)　⊢＿＿＿＿＿

　　　　4 cm.　　　　　　　　　　　　　　　　6 cm.

Wie viele?

Zahl zeigen und nennen.

37

3 Zehner und 7 Einer.

30 und 7

1. Prüfung am:

_____

2. Prüfung am:

_____

Welche Zahl?

Zahl zeigen und nennen.

47

Zählen

Zahl an der Zahlenreihe bis 100 zeigen, nennen und weiterzählen.

29, 30, 31

28

1. Prüfung am:

_____

2. Prüfung am:

_____

Ergänzen zum Zehner

Zahl zeigen, nennen und zur nächsten Zehnerzahl ergänzen.

6 + 4 = 10

56

56 + 4 = 60

1. Prüfung am:

_____

2. Prüfung am:

_____

Zählen in Schritten

Startzahl und Schritte nennen, in Schritten zählen und zeigen.

28, immer 5 zurück.

28, 23, 18, …

1. Prüfung am:

_____

2. Prüfung am:

_____

Ergänzen bis 100

Zahl legen, nennen und bis 100 ergänzen.

77 + 23

3 bis zur 80, 23 bis zur 100.

80 + 20

77

1. Prüfung am:

_____

2. Prüfung am:

_____

100 teilen

Aufgabe vorgeben.

100 in 5 Teile

100 in 5 Teile, in 10 Teile.

100 in 2 Teile, in 4 Teile.

5 mal 20

1. Prüfung am:

_____

2. Prüfung am:

_____

_____ hat am _____ die Schlussprüfung

im Blitzrechnen 2 abgelegt.

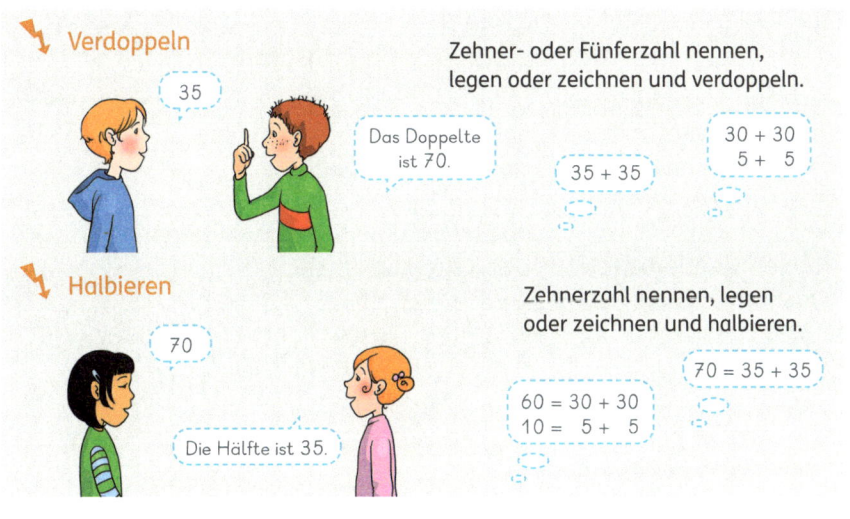

⚡ Verdoppeln

Zehner- oder Fünferzahl nennen,
legen oder zeichnen und verdoppeln.

35

Das Doppelte
ist 70.

35 + 35

30 + 30
5 + 5

⚡ Halbieren

Zehnerzahl nennen, legen
oder zeichnen und halbieren.

70

Die Hälfte ist 35.

70 = 35 + 35

60 = 30 + 30
10 = 5 + 5

⚡ Einfache Plusaufgaben

Zehner dazu oder Einer dazu: Aufgabe
nennen, legen oder zeichnen und rechnen.

54

Erst 40 plus 10
und dann noch
plus 4.

40 + 4
und dann + 10.

14 + 40

⚡ Einfache Minusaufgaben

Zehner weg oder Einer weg: Aufgabe
nennen, legen oder zeichnen und rechnen.

65 minus 10, minus 10.

Nur die Zehner weg,
das ist einfach.

60 minus 20 und
dann noch plus 5.

45

65 − 20

⚡ Zerlegen

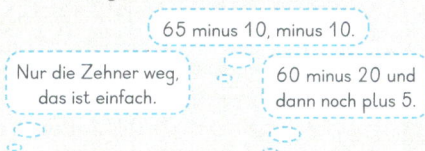

Zehnerzahl wählen, zerlegen
und Plusaufgabe nennen.

90 gleich
37 + 53

90 gleich

⚡ Einmaleins

Malaufgaben legen, nennen und rechnen.

7 · 6 = 42

6 · 6 plus 1 · 6
36 + 6

5 · 6 plus 2 · 6
30 + 12

⚡ Einmaleins

Malaufgabe zeigen, nennen und rechnen.

Das ist eine
Quadrataufgabe.

2 mal 4
plus 2 mal 4

5 mal 4 minus
1 mal 4

16

4 · 4

1. Prüfung am:
_____

2. Prüfung am:
_____

1. Prüfung am:
_____

2. Prüfung am:
_____

1. Prüfung am:
_____

2. Prüfung am:
_____

1. Prüfung am:
_____

2. Prüfung am:
_____

Unterschrift: _____

Wie viele?/Welche Zahl?

a) Am Hunderterfeld wird mit dem Zahlenwinkel eine Zahl gelegt. Das Kind nennt die Zahl. Durch Verschieben des Winkels nach rechts bzw. links oder nach oben bzw. unten können Beziehungen aufgezeigt werden.

b) Es wird auf ein leeres Feld der Hundertertafel gezeigt. Das Kind nennt die zugehörige Zahl. Auch hier können Beziehungen verdeutlicht werden.

 ### Zählen

Es wird auf eine Zahl an der Hunderterreihe gezeigt. Das Kind wird aufgefordert, vor- oder rückwärts zu zählen. Das Kind zählt, bis es gestoppt wird.

 ### Ergänzen zum Zehner

An der Hunderterreihe wird auf ein Plättchen gezeigt, und die zugehörige Zahl genannt. Das Kind ergänzt die Zahl in Form einer Plusaufgabe zum nächsten Zehner.
Variante: Das Kind benennt auch die gezeigte Zahl.

 ### Zählen in Schritten

Außer der Zahl wird noch die Schrittweise vorgegeben (2er-, 5er-, 10er-Schritte). Das Kind zählt nach Angabe vorwärts oder rückwärts, bis es gestoppt wird.

 ### Ergänzen bis 100

Am Hunderterfeld wird eine Zahl gezeigt. Das Kind ergänzt sie bis 100.
Wieder können Beziehungen aufgezeigt werden. Beispiel: 38 + 62, 48 + 52, 58 + 42, 57 + 43, ...

 ### 100 teilen

Es wird angegeben, in wie viele Teile (2, 4, 5 oder 10) 100 geteilt werden soll. Das Kind gibt die Antwort in Form einer Malaufgabe.
Es gibt nur 4 Aufgaben (es sei denn, man lässt auch 20, 25 und 50 Teile bilden).

 ### Verdoppeln/Halbieren

a) Es wird eine Zahl bis 50 mit Einerstelle 0 oder 5 genannt. Das sind die Zahlen 0, 5, 10, 15, 20, ..., 50. Das Kind verdoppelt sie.

b) Es wird eine Zehnerzahl genannt (10, 20, ..., 100). Das Kind halbiert sie.

In beiden Fällen kann man Rechengeld oder das Hunderterfeld verwenden.

 ### Einfache Plusaufgaben/
Einfache Minusaufgaben

a) Es werden Plusaufgaben der Form 26 + 30, 45 + 7, 31 + 60, 72 + 9, ... genannt, das Kind bestimmt das Ergebnis. Dabei können die Zahlen zur Unterstützung bildlich dargestellt werden.
Auch bei diesen Aufgabentypen kann man systematisch variieren. Beispiel: 26 + 30, 26 + 40, 27 + 40, ...

b) Analog werden Minusaufgaben genannt und gerechnet.

 ### Zerlegen

Am Hunderterfeld wird eine Zehnerzahl (10, 20, 30, ...) aufgedeckt und mit einem (am besten transparenten) Zahlenwinkel in zwei Teile zerlegt. Das Kind nennt die zugehörige Plusaufgabe.

 ### Einmaleins

a) Mit dem Malwinkel wird die Malaufgabe gelegt. Das Kind nennt die Aufgabe und berechnet das Ergebnis. Dabei kann die Unterteilung des Hunderterfeldes ausgenutzt werden. Besonders wichtig sind die Kernaufgaben, aus denen man die anderen Aufgaben ableiten kann.

b) An der Einmaleins-Tafel wird eine beliebige Aufgabe des Einmaleins gezeigt und genannt. Das Kind nennt das Ergebnis. Besonders geübt werden müssen die farbigen Kernaufgaben, aus denen man die anderen Aufgaben ableiten kann.